Python

基础教程

吴仁群　编著

中国水利水电出版社
www.waterpub.com.cn
·北京·

内 容 提 要

本书是一本实用性很强的Python语言基础教程。书中不仅讲解了Python程序设计的基础知识，而且提供了大量实用性很强的编程实例。全书共分8章，包括Python语言概述、Python语言基础、函数与模块、常用数据结构、迭代器与生成器、面向对象程序设计、Python异常处理机制、文件和数据库操作等。源代码在中国水利水电出版社网站 http://www.waterpub.com.cn/softdown 免费下载。

本书内容实用，结构清晰，实例丰富，可操作性强，可作为高等学校Python程序设计课程的教材，也可作为计算机相关专业的培训和自学教材。

图书在版编目（CIP）数据

Python基础教程 / 吴仁群编著. -- 北京 : 中国水利水电出版社, 2019.12
ISBN 978-7-5170-5415-3

Ⅰ. ①P… Ⅱ. ①吴… Ⅲ. ①软件工具－程序设计－教材 Ⅳ. ①TP311.561

中国版本图书馆CIP数据核字(2019)第293705号

书　　名	**Python 基础教程** Python JICHU JIAOCHENG
作　　者	吴仁群　编著
出版发行	中国水利水电出版社 （北京市海淀区玉渊潭南路1号D座　100038） 网址：www.waterpub.com.cn E-mail：sales@waterpub.com.cn 电话：(010) 68367658（营销中心）
经　　售	北京科水图书销售中心（零售） 电话：(010) 88383994、63202643、68545874 全国各地新华书店和相关出版物销售网点
排　　版	中国水利水电出版社微机排版中心
印　　刷	清淞永业（天津）印刷有限公司
规　　格	184mm×260mm　16开本　14.5印张　353千字
版　　次	2019年12月第1版　2019年12月第1次印刷
印　　数	0001—2000册
定　　价	**49.80**元

前言

Python语言是一种解释型的、面向对象的、带有动态语义的高级编程语言。在电影制作、搜索引擎开发、游戏开发等领域，Python几乎都扮演了重要的角色。数据科学网站KDnuggets发布的2018数据科学和机器学习工具调查结果显示，Python荣登第一，成为最受青睐的数据科学、机器学习的工具。当前，中国高等教育已进入大众化教育阶段，如何适应这些新情况培养应用型高级专门人才是众多应用型本科院校必须思考的问题。教材建设在人才培养过程中起着非常重要的作用。

作为一本实践性很强的Python语言基础教材，本书具有以下特点：

(1) 包含了Python程序设计语言的最基础知识，且知识点的讲述由浅入深，便于读者轻松掌握。

(2) 遵循理论知识和实践知识并重的原则，尽量采用图例的方式描述理论知识，并辅以大量的实例来帮助读者理解知识、巩固知识、运用知识。

(3) 大部分章节都提供综合性实例，帮助读者学会综合利用各种知识来解决实际问题。

本书共有8章。第1章讲述Python语言发展历程、Python语言的特点、开发平台和开发过程以及如何上机调试程序；第2章介绍Python语言编程的基础语法、变量与数据类型、表达式、控制语句和循环语句等；第3章讲述Python函数和模块的定义及使用；第4章介绍常用数据结构（字符串、列表、元组、集合、字典、栈和队列）；第5章介绍Python语言迭代器与生成器的含义及使用；第6章介绍Python语言面向对象程序设计的基础知识；第7章介绍Python异常处理机制；第8章介绍在Python语言的输入输出及数据库操作。

本书由北京印刷学院吴仁群老师编写。在编写过程中，得到了中国水利水电出版社的大力支持，此外，还参考了部分书籍，对这些书籍的作者一并表示深深的感谢！本书出版得到了学校学科专项（21090119004）资助。

由于时间仓促，书中难免存在一些不足之处，敬请读者批评指正。

编者

2019年10月

目录

前言

第1章

Python 语言概述

Python 语言是目前使用最广泛的编程语言之一，是一种解释型的、面向对象的、带有动态语义的高级编程语言。

本章学习目标

- 了解 Python 的发展历程。
- 理解 Python 语言的特点。
- 了解 Python 语言的应用。
- 掌握 Python 运行平台的安装与使用。

1.1 Python 语言的发展历程及特点

1.1.1 Python 语言的发展历程

Python 是一种解释型的、面向对象的、带有动态语义的高级编程语言。它由荷兰人 Guido van Rossum 于 1989 年在荷兰国家数学和计算机科学研究所设计出来的，第一个公开发行版于 1991 年发行。

Python 本身也是由诸多其他语言发展而来的，包括 ABC、Modula-3、C、C++、Algol-68、SmallTalk、UNIX Shell 和其他的脚本语言等。像 Perl 语言一样，Python 源代码同样遵循 GPL（General Public License）协议。现在 Python 是由一个核心开发团队在维护，Guido van Rossum 仍然发挥着至关重要的作用，指导其进展。

1989 年，被称为龟叔的 Guido van Rossum 在为 ABC 语言写插件时，产生了写一个简洁又实用的编程语言的想法，并开始着手编写。因为其喜欢 Monty Python 喜剧团，所以将其命名为 Python，中文意思是蟒蛇。

1989 年，荷兰人 Guido van Rossum 发明 Python 语言，第一个公开发行版发行于 1991 年。1994 年 1 月，增加了 lambda、map、filter and reduce 等功能，发布了 Python 1.0 版本。2000 年 10 月 16 日，发布了 Python 2.0 版本，加入了内存回收机制，构成了现在 Python 语言框

架的基础。以后在 Python 2.0 基础上增加了一系列功能，发布了一系列 Python 2.x 版本，如 2004 年 11 月 30 日，发布了 Python 2.4，增加了最流行的 WEB 框架 Django 等。Python 2.7 是 Python 2.x 版本系列的最后一个版本。相对于 Python 的早期版本，Python 3.0 版本有较大的升级，在设计的时候没有考虑向下兼容。因此，新的 Python 程序建议使用 Python 3.x 系列版本的语法。除非运行环境无法安装 Python 3.x 或者程序本身使用了不支持 Python 3.x 系列的第三方库。截至作者编写本教材时，Python 版本为 3.7.3。

如今，Python 已是一种知名度高、影响力大、应用广泛的主流编程语言，在电影制作、搜索引擎开发、游戏开发等领域，Python 几乎扮演了重要的角色。在未来的很长一段时间里，Python 很可能将有更强的功能、更大的用户群，维持、巩固它的重要地位。

在过去的两年间，Python 得到迅速发展。数据科学网站 KDnuggets 发布的 2018 数据科学和机器学习工具调查结果显示，Python 荣登第一，成为最受青睐的分析、数据科学、机器学习工具。2017 年 Python 已经拥有超过 50%的份额，2018 年提高至 65.6%。

Tiobe 官网发布了 2019 年 1 月编程语言排行榜，Java、C、Python 位居前三。回首 2018 年，在所有编程语言中，Python 的用户增幅最大，获得了年度编程语言的称号；而 Java 占比最大，成为年度最流行的编程语言。

1.1.2　Python 语言的特点

Python 语言是一种解释型的、面向对象的、带有动态语义的高级编程语言。Python 语言具有以下特点。

1. 简洁易学

Python 是一种简洁、易上手、面向对象的语言，这使得使用者可以更清晰地进行编程，而不至陷入细节，且省去了很多重复工作。Python 有相对较少的关键字，结构简单，定义明确，学习起来更加简单。

2. 运行速度相对较快

Python 的底层以及很多库是用 C 语言编写的，其运行速度相对较快。

3. 解释运行灵活性强

Python 是解释型的语言，无须像 C 语言等一样编译后执行，这使得它的灵活性更强，解释运行使得使用 Python 更加简单，也更便于将 Python 程序从一个平台移植到另一个平台。

4. 免费开源扩展性强

Python 是一种免费、开源的语言，这一点很重要，它对 Python 用户群的扩大起到了至关重要的作用。而使用者的增加又丰富了 Python 的功能，使用者可以自由地发布这个软件的拷贝、阅读它的源代码、对它做改动、把它的一部分用于新的自由软件中。这实际上是一种良性循环。

5. 拥有丰富类库具有良好的移植性

Python 拥有丰富的库，并且可移植性非常强，可与 C/C++等语言配合使用，使其能胜任很多的工作，如数据处理、图形处理等。

6. 面向对象

与其他主要的语言如 C++ 和 Java 相比，Python 以一种非常强大又简单的方式实现面向对象编程。

1.1.3 Python 语言的应用

近 20 年来，Java、C 和 CC++语言一直排在前三名，远远领先于其他国家。Python 现在正在加入这三种语言。它是目前大学里最常用的语言，在统计领域排名第一。在许多软件开发领域，包括脚本和进程自动化、网站开发以及通用应用程序等，Python 越来越受到欢迎。随着人工智能的发展，Python 成为了机器学习的首选语言。

Python 的主要运用领域包括：

- 云计算：云计算是最热门的语言，典型的应用有 OpenStack。
- WEB 开发：许多大型网站是 Python 开发的，典型的 Web 框架包括 Django。
- 科学计算和人工智能：如 NumPy、SciPy、Matplotlib 等模块。
- 系统操作和维护：Python 是操作和维护人员的基本语言。
- 金融：定量交易、金融分析，在金融工程领域，Python 不仅使用最多，而且其重要性逐年增加。
- 图形 GUI：如 PyQT、WXPython、TkInter 等模块提供了丰富的图形功能。

Python 在公司的运用具体包括：

- Google：谷歌应用程序引擎和代码，如 Google.com、Google 爬虫、Google 广告和其他项目正在广泛使用 Python。
- CIA：美国中情局，其网站是用 Python 开发的。
- NASA：美国航天局，广泛使用 Python 进行数据分析和计算。
- YouTube：世界上最大的视频网站，YouTube 是用 Python 开发的。
- Dropbox：美国最大的在线云存储网站，全部用 Python 实现，每天处理 10 亿的文件上传和下载。
- Instagram：美国最大的照片共享社交网站，每天有 3000 多万张照片被共享，所有这些都是用 Python 开发的。
- Facebook：大量的基本库是通过 Python 实现的。
- Redhat.：世界上最流行的 Linux 发行版中的 Yum 包管理工具，是用 Python 开发的。
- Douban：几乎公司所有的业务都是通过 Python 开发的。
- 知识：中国最大的 Q&A 社区，通过 Python 开发的（国外 Quora）。

除此之外，还有搜狐、金山、腾讯、盛大、网易、百度、阿里、淘宝、土豆、新浪、果壳等公司正在使用 Python 来完成各种任务。

1.2 Python 开发环境配置

1.2.1 Python 开发环境

1. 默认编程环境

在安装 Python 3.7.3 时，系统会自动安装一个默认编程环境 IDLE。初学者可直接利用这个环境进行学习和程序开发即可，而没有必要安装其他软件。

本书基于 Python 3.7.3 来介绍 Python 的相关知识，所有程序均在该版本下调试通过。

2. 其他常用开发环境

其他常用开发环境有：

（1）Eclipse＋PyDev。

（2）pyCharm。

（3）wingIDE。

（4）Eric。

（5）PythonWin。

（6）Anaconda3（内含 Jupyter 和 Spyder）（下载网址：https：//www.anaconda.com/download）。

（7）zwPython。

其中应用比较广泛的是 Anaconda3。Anaconda3 是一个开源的 Python 发行版本，其包含了 conda、Python 等 180 多个科学包及其依赖项，基本能满足用户开发需要，而不用在开发中考虑是否需要安装相应的模块。

1.2.2　Python 安装

Python 3.7.3 的安装过程如下：

（1）网站（http：//从 www.Python.org）下载 Python 3.7.3；［程序名如 Python-3.7.3-amd64.exe，或者 Python-3.7.3(32 位).exe］，然后双击该程序，弹出安装对话框，如图 1.1 所示。

图 1.1　Python 3.7.3（64-bit）Setup 对话框

（2）勾选所有选项，单击 Customize installation 选项，弹出如图 1.2 所示的对话框。

（3）勾选所有选项，单击 Next 按钮，弹出如图 1.3 所示的对话框。

（4）勾选所有选项，单击 Browse 按钮，将安装路径变为 C：\Python37，然后单击 Install 按钮，系统处于安装状态，如图 1.4 所示。

（5）安装完毕后，弹出如图 1.5 所示的对话框，选择 Close 按钮，至此安装完毕。

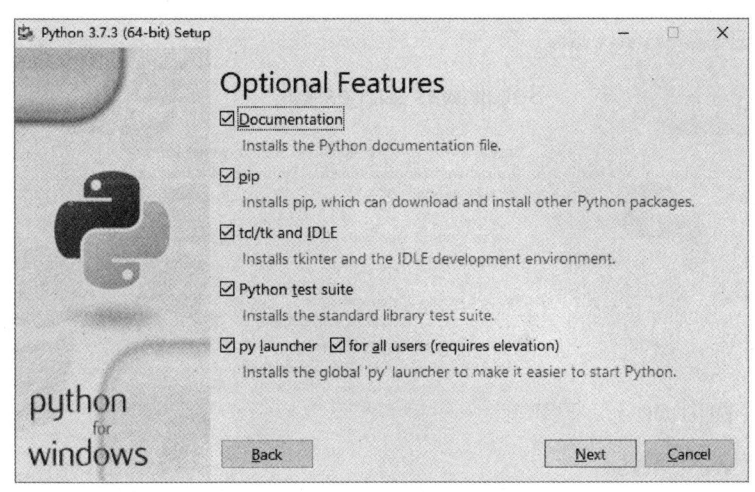

图 1.2　Optional Features 对话框

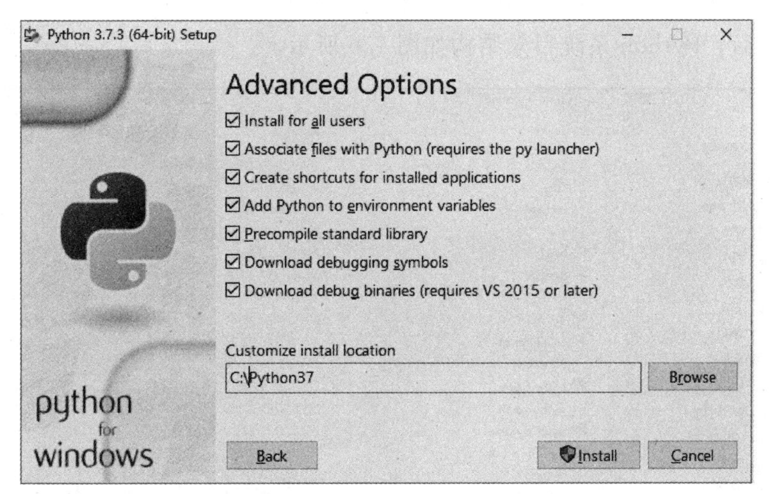

图 1.3　Advanced Options 对话框

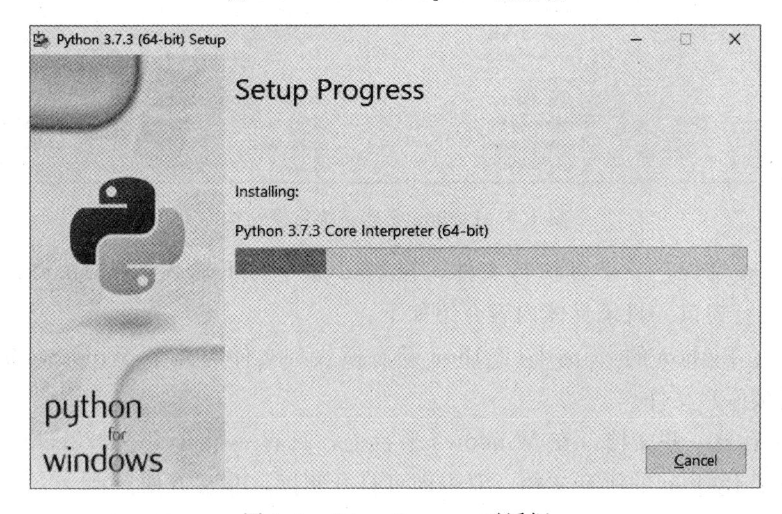

图 1.4　Setup Progress 对话框

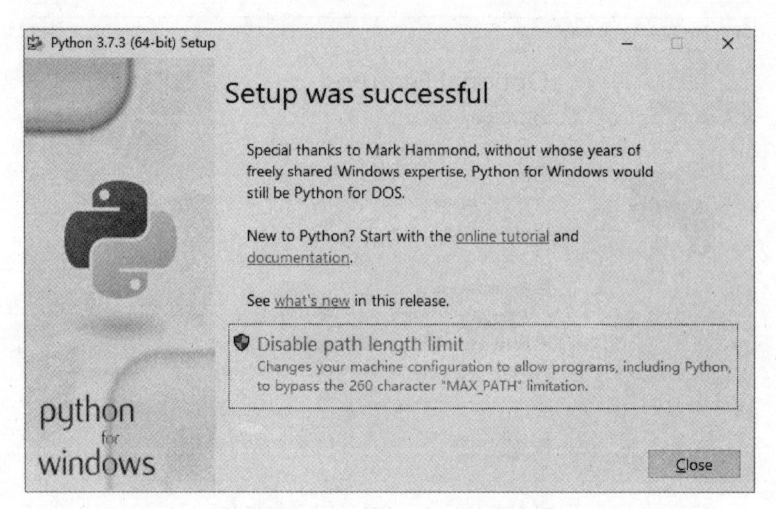

图 1.5　安装完成对话框

安装完成后，Python 系统目录结构如图 1.6 所示。

电脑 › sys (C:) › Python37

名称	修改日期	类型	大小
DLLs	2019/5/20 20:32	文件夹	
Doc	2019/5/20 20:32	文件夹	
include	2019/5/20 20:31	文件夹	
Lib	2019/5/20 20:32	文件夹	
libs	2019/5/20 20:31	文件夹	
Scripts	2019/5/17 22:09	文件夹	
tcl	2019/5/20 20:32	文件夹	
Tools	2019/5/20 20:32	文件夹	
LICENSE.txt	2019/3/25 22:26	文本文档	30 KB
NEWS.txt	2019/3/25 22:26	文本文档	650 KB
python.exe	2019/3/25 22:23	应用程序	98 KB
python.pdb	2019/3/25 22:23	PDB 文件	412 KB
python_d.exe	2019/3/25 22:25	应用程序	133 KB
python_d.pdb	2019/3/25 22:25	PDB 文件	372 KB
python3.dll	2019/3/25 22:22	应用程序扩展	58 KB
python3_d.dll	2019/3/25 22:24	应用程序扩展	68 KB
python37.dll	2019/3/25 22:22	应用程序扩展	3,661 KB
python37.pdb	2019/3/25 22:22	PDB 文件	9,268 KB
python37_d.dll	2019/3/25 22:24	应用程序扩展	7,603 KB
python37_d.pdb	2019/3/25 22:24	PDB 文件	7,588 KB
pythonw.exe	2019/3/25 22:23	应用程序	97 KB
pythonw.pdb	2019/3/25 22:23	PDB 文件	412 KB
pythonw_d.exe	2019/3/25 22:25	应用程序	131 KB
pythonw_d.pdb	2019/3/25 22:25	PDB 文件	372 KB
vcruntime140.dll	2019/3/25 21:22	应用程序扩展	88 KB

图 1.6　Python 安装系统目录结构

Python.exe 文件是一个可执行文件，在 cmd 命令行下输入 Python.exe 会生成一个 Windows 命令行窗口。目录具体内容介绍如下：

- DLLs：Python 的 *.pyd（Python 动态模块）文件与几个 Windows 的 *.dll（动态链接库）文件。
- Doc：存放一些文档。在 Windows 平台上，只有一个 Python373.chm 文件，里面集成了 Python 的所有文档，双击即可打开阅读，非常方便。
- include：Python 的 C 语言接口头文件，当在 C 程序中集成 Python 时，会用到这个目录下的头文件。

- Lib：Python 自己的标准库、包、测试套件等，非常多的内容。
- libs：这个目录是 Python 的 C 语言接口库文件。
- Scripts：pip 可执行文件的所在目录，通过 pip 可以安装各种各样的 Python 扩展包。这也是为什么这个目录也需要添加到 PATH 环境变量中的原因。
- tcl：Python 与 TCL 的结合。
- Tools：一堆工具集合，目录下的 README. txt 文件说明了工具用途。

思考： lib 目录和 libs 目录有什么区别？

1.2.3 PATH 环境变量设置

在 Python 语言的应用中，有两个非常重要的环境变量：PATH 和 PYTHONPATH。

- PATH 用于指定系统安装位置和系统内置模块的位置。如果安装系统时勾选 Add Python 3.7.3 to Path 选项，那么该环境变量在安装中将自动设置好，否则就要使用手动方式来设置 PATH，其作用主要是将系统安装位置和该位置下的 Scripts 子目录添加到系统的 PATH 环境变量中。
- PYTHONPATH 用于指定用户自己编写的模块或第三方模块的位置，以便让 Python 解释器能找到这些模块，否则在导入该模块时会出现找不到该模块的错误。因此必须把所需要的模块的路径添加到 PYTHONPATH。

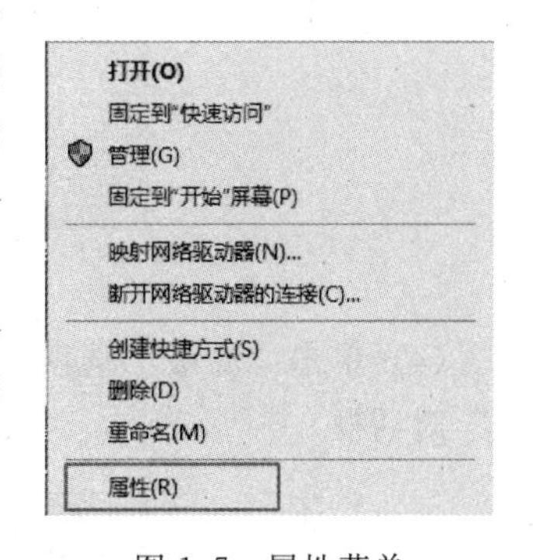

图 1.7　属性菜单

环境变量的设置过程基本类似，下面仅举例说明在 Windows 10 下如何设置 PYTHONPATH 环境变量，PATH 环境变量的设置可参照执行。

设置环境变量 PYTHONPATH 的步骤如下：

(1) 右击“计算机”图标，出现如图 1.7 所示的菜单。

(2) 单击“属性”命令，弹出如图 1.8 所示的窗口。

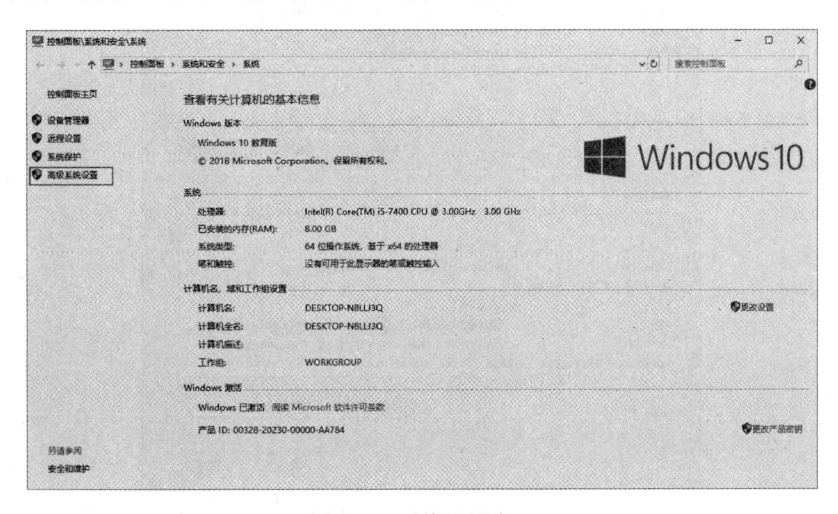

图 1.8　系统配置窗口

（3）单击“高级系统设置”项，弹出如图 1.9 所示的“系统属性”对话框。

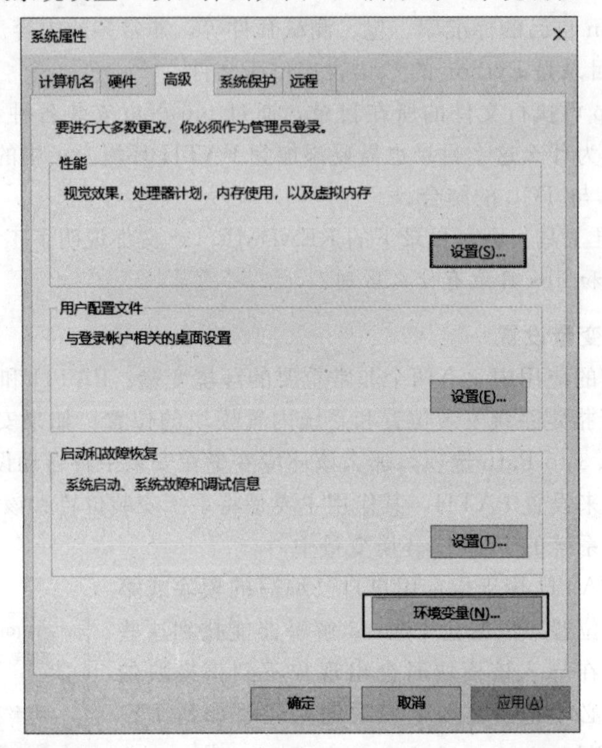

图 1.9　“系统属性”对话框

（4）单击“高级”选项卡，单击“环境变量”按钮，弹出如图 1.10 所示的“环境变量”对话框。

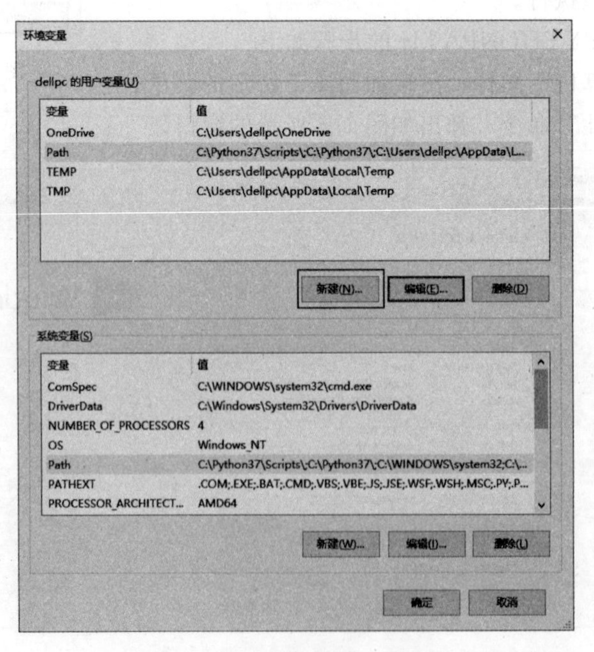

图 1.10　“环境变量”对话框

(5) 在“用户变量”部分单击“新建”按钮，弹出“新建系统变量”对话框，如图 1.11 所示。

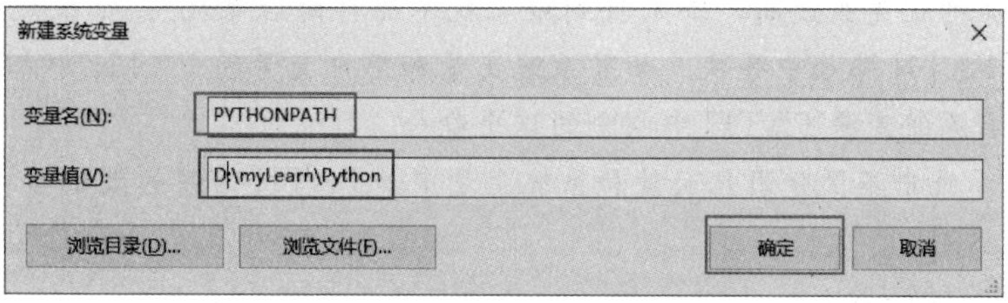

图 1.11 “新建系统变量”对话框

(6) 在“变量名”右侧输入 PYTHONPATH，在“变量值”右侧输入 D：\myLearn\Python，单击“确定”按钮，弹出“环境变量”对话框，如图 1.12 所示。

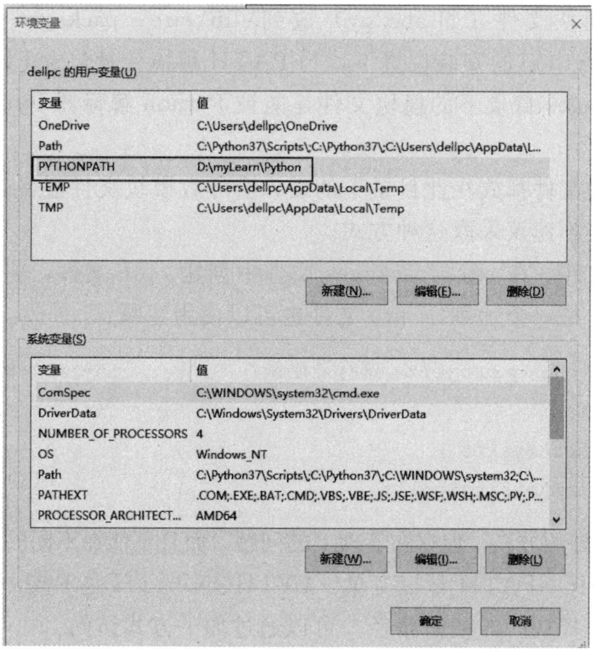

图 1.12 增加“环境变量”后的对话框

从图 1.12 可知，已经新增加了一个环境变量 PYTHONPATH。顺便指出，当发现某个环境变量的值需要修改时，可单击“编辑”按钮进行修改，也可单击“删除”按钮删除不需要的环境变量。本书开发模块均在 D：\myLearn\Python 目录下，因此这里设置 PYTHONPATH 的值为 D：\myLearn\Python。读者可根据实际设置该变量。

提示： 在 Windows 2000 和 Windows XP 中设置环境变量的步骤为：右击“我的电脑”图标，单击“属性”命令，在弹出的对话框中单击“高级”选项卡，单击“环境变量”按钮。其余操作同上文。

说明： Windows 系统中存在两种环境变量：用户变量和系统变量。两种环境变量中是可以存在重名的变量的。用户变量只对当前用户有效，而系统变量对所有用户有效。

Windows 系统在执行用户命令时，若用户未给出的是文件的绝对路径，则首先在当前目录下寻找相应的可执行文件、批处理文件等；若找不到，再依次在系统变量 PATH 保存的这些路径中寻找相应的可执行程序文件（查找顺序是按照路径的录入顺序从左往右寻找，最前面一条的优先级最高，如果找到命令就不会再向后寻找）；如果还找不到，则再在用户变量的 PATH 路径中寻找。如果系统变量和用户变量的 PATH 中都包含了某个命令，则优先执行系统变量 PATH 中包含的这个命令。

Windows 系统中不区分用户变量和系统变量中如 PATH 名字的大小写，设置 Path 和 PATH 并没有区别。

1.2.4 用户模块文件管理

Python 语言是一种解释语言，为了让解释器 Python. exe 能对用户模块文件进行解释，必须对用户模块文件进行适当管理，以便解释器能识别模块，并进行解释运行。管理用户模块文件的方式通常有以下三种：

（1）将用户的模块文件（如 abc. py）放到\lib\site - packages 目录下。\lib\site - packages 目录位于 Python 的安装位置下，当 PATH 环境变量包含 Python 的安装位置时，位于\lib\site - packages 目录下的模块文件是能被 Python 解释器 Python. exe 导入并解释运行的。

但是如果把模块文件都放在此目录下的话，会导致模块文件混乱，可能还会破坏一些模块文件。因此一般不建议采取这种方式。

（2）使用 pth 文件。在 site - packages 文件中创建 . pth 文件，将模块的路径写进去，一行一个路径，以下是一个示例，. pth 文件也可以使用注释：

```
# .pth file for the my project  这行是注释
D:\myLearn\python
D:\myLearn\python\mysite
D:\myLearn\python\mysite\polls
```

这个不失为一个好的方法，但存在管理上的问题，而且不能在不同的 Python 版本中共享。

（3）使用 PYTHONPATH 环境变量。PYTHONPATH 是 Python 中一个重要的环境变量，用于指定导入模块时的搜索路径。可以通过如下方式访问：

1）暂时设置模块的搜索路径——修改 sys. path。导入模块时，Python 会在指定的路径下搜索相对应的 . py 文件，搜索路径存放在 sys 模块的 sys. path 变量中。通过下列方式可以看到 sys. path 变量的内容。

```
>>> import sys
>>> sys.path
PATH= C:\Python37\Scripts\;C:\Python37\; C: \ WINDOWS\ system32; C: \ WINDOWS;
C: \ WINDOWS\ System32\ Wbem; C: \ WINDOWS\ System32\ WindowsPowerShell\ v1.0\ ;
C: \ WINDOWS\ System32\ OpenSSH\ ; C: \ Users\ dellpc\ AppData\ Local\ Microsoft\
WindowsApps; C: \ Program Files\ Calibre2\ ;
```

通过 append 函数在其后添加搜索路径。例如，若要导入的第三方模块的路径是 D：\myLearn\Python，那在 Python 解释器中添加 sys. path. append（'D：\\myLearn\\Python')即可。但这种方法只是暂时的，下次再进入交互模式的时候又要重新设置。

2）永久设置模块的搜索路径——设置 PYTHONPATH 环境变量。如何设置 PYTHONPATH 在前面已作介绍，在此不再赘述。

1.3 Python 的使用

1.3.1 命令行方式

下面介绍如何在命令行方式下使用 Python。

(1) 单击“开始”按钮，选择“运行”菜单，弹出“运行”对话框，如图 1.13 所示。

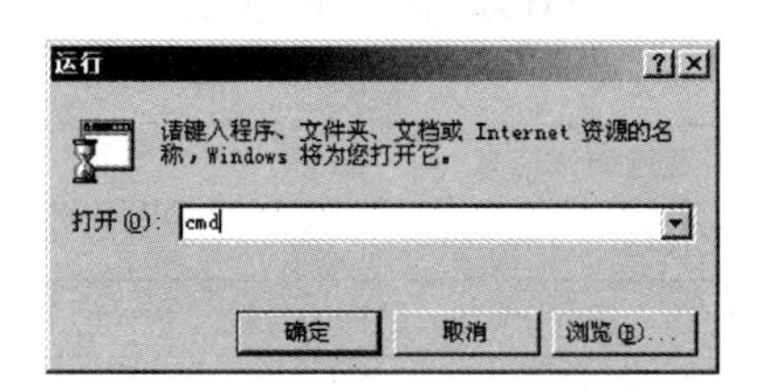

图 1.13 “运行”对话框

(2) 输入命令 cmd，单击“确定”按钮，弹出命令窗口，如图 1.14 所示。

```
C:\Documents and Settings\wu>
```

图 1.14 命令窗口

(3) 在 DOS 提示符后面（注：提示符内容视机器而定，这里为 C:\Documents and Settings\wu 输入工作路径所在硬盘的盘符（如 D:）并回车，此时窗口内容如图 1.15 所示。

```
C:\Documents and Settings\wu>D:
D:\>
```

图 1.15 命令窗口

(4) 在提示符“D:\>”后面输入转换路径的命令“cd 工作路径”，即转换到自己的工作路径，如这里使用的工作路径为 d:\myLearn\Python，则输入的转换工作路径的命令为 cd d:\myLearn\Python，回车后命令窗口如图 1.16 所示。

```
C:\Documents and Settings\wu>D:
D:\>cd d:\myLearn\Python
D:\myLearn\Python>
```

图 1.16 命令窗口

(5) 在 DOS 提示符“D:\myLearn\Python >”后面输入 Python 命令和有关参数就可以运行模块文件。

```
D:\myLearn\python> python PBT01.py
```

PBT01. py 为用户建立的模块文件。模块文件可使用 Editplus 来编辑。

本文所有模块文件都是使用 Editplus 编辑，并在命令行下使用 Python. exe 解释器解释运行的。

建议初学者使用 Editplus 编辑模块文件（不管包含多少命令），然后在命令行下使用 Python. exe 解释器解释运行。

PBT01. py 的内容为：

```
(print('Hello Python! ')
```

表 1 - 1 显示了 Python 命令行参数。

表 1 - 1　　Python 命令行参数

选　项	描　述
- d	在解析时显示调试信息
- O	生成优化代码（. pyo 文件）
- S	启动时不引入查找 Python 路径的位置
- V	输出 Python 版本号
- c cmd	执行 Python 脚本，并将运行结果作为 cmd 字符串
file	在给定的 Python 文件中执行 Python 脚本

1. 3. 2　IDLE 方式

首先启动 IDLE，启动后弹出 Shell 窗口，如图 1. 17 所示。

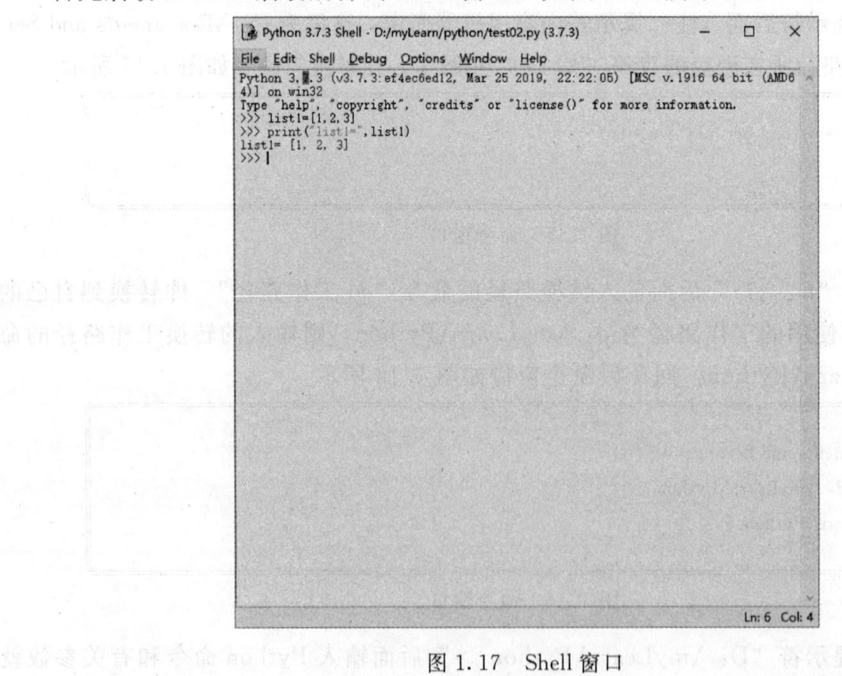

图 1. 17　Shell 窗口

在 Shell 窗口的“>>>”下就可输入各种命令，输入过程中可随时进行保存。

当然，除了“>>>”下输入各种命令外，用户也可将命令编辑成一个模块文件

(.py 文件)，即使用 File 菜单下的 New File 命令来编辑，用 Open 命令打开一个已编辑好的文件等。用 New File 命令来编辑时，会出现如图 1.18 所示的窗口。

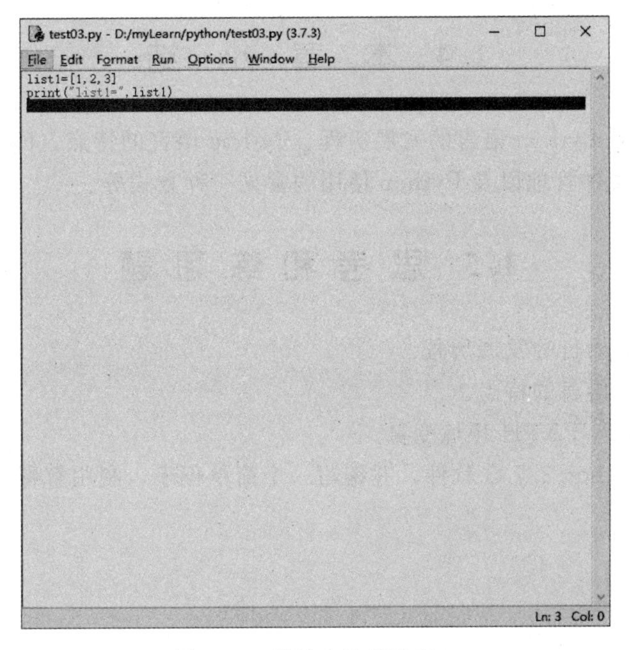

图 1.18 模块文件编辑窗口

当然，模块文件可采用任何编辑工具（包括 Editplus）进行编辑。

1.3.3 Spyder 方式

用 Anaconda 3 内含的 Spyder 进行程序开发。启动 Spyder 后，弹出如图 1.19 所示的窗口。

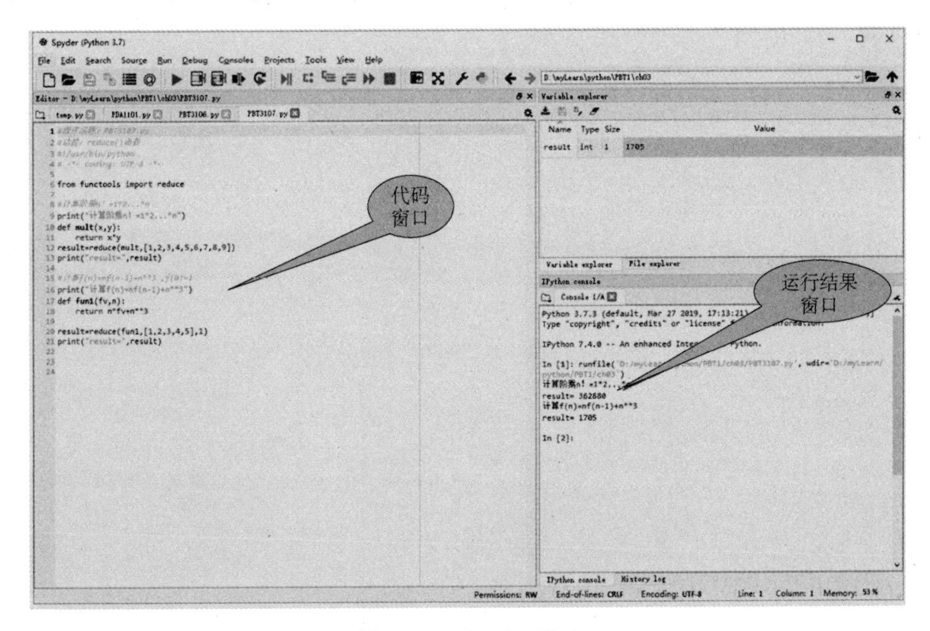

图 1-19 Spyder 窗口

左方为代码窗口，右下方为运行结果窗口。客观上，使用 Spyder 进行开发比较方便，但在电脑系统配置不高的情况下，电脑启动会很慢。

1.4 本 章 小 结

本章主要介绍了 Python 语言的发展历程、Python 语言的特点、Python 开发环境安装与配置、用户模块文件管理以及 Python 使用的常见三种方式等。

1.5 思 考 和 练 习 题

1. 简述 Python 语言的发展历程。
2. 简述 Python 语言的特点。
3. 设置 PYTHONPATH 环境变量。
4. 学会安装 Python 3.7.3 软件，并编写一个简单程序，利用解释器运行。

Python

第 2 章

Python 语言基础

Python 语言是在其他语言（如 C 语言）基础上发展起来的，因此与其他语言有许多相似之处（例如循环结构和判断结构等）。不过作为一门语言，Python 语言也有其自身的特点。读者在学习 Python 语言时，可对比其他语言，重点理解 Python 语言的独特之处。

本章学习目标

- 了解 Python 程序的基本语法。
- 掌握 Python 语言的变量与数据类型。
- 掌握 Python 语言的常见运算符。
- 掌握 Python 语言的条件控制与循环语句。

2.1 Python 基础语法

2.1.1 Python 程序基本框架

Python 程序由一些列函数、类以及语句组成，其程序基本框架如图 2.1 所示。

Python 程序是顺序执行的。Python 中首先执行最先出现的非函数定义和非类定义的没有缩进的代码。C 语言等 main()函数为执行的起点。因此，为了保持与 C 语言等的习惯相同，建议在 Python 程序中增加一个 main()函数，并将对 main()函数的调用作为最先出现的非函数定义和非类定义的没有缩进的代码，这样 Python 程序便可从 main()作为执行的起点。因此，建议 Python 程序的框架如图 2.2 所示。

举例说明如下。

Python 程序	说　明
#程序名称：PBT2100.py	注释
#程序功能：展示程序框架	注释

Python 程序	说　明
def sum(x,y):	函数定义
return x+y	函数内语句
def main():	函数定义
x=1	函数内语句
y=2	函数内语句
print("sum=",sum(x,y))	函数内语句（含函数调用）
main()	函数调用

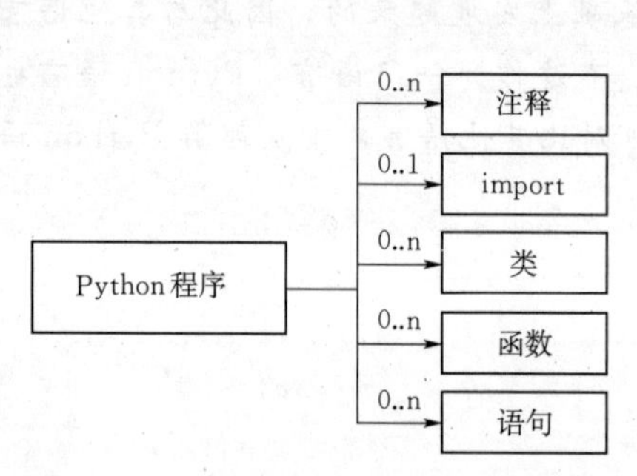

图 2.1　Python 程序基本框架（一般性）

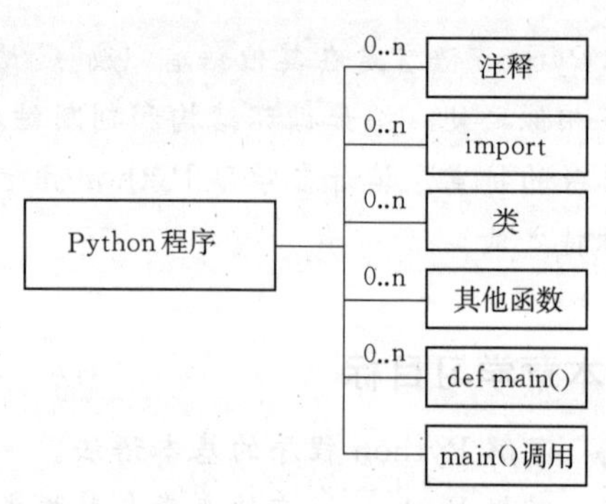

图 2.2　Python 程序框架（建议性）

本书中的程序绝大部分按照这种框架进行组织。

2.1.2　Python 编码

Python 默认编码是 UTF-8，也可以用源码文件指定不同的编码。如：

```
# -*- coding:GBK -*-
```

上述定义允许在源文件中使用 GBK 编码，GBK 编码是 Windows 环境下的一种汉字编码。

又如：

```
# -*- coding: UTF-8 -*-
```

上述定义允许在源文件中使用 UTF-8 编码。

不同编码之间不能直接转换，要借助 Unicode 实现间接转换。例如，GBK 编码转换为 UTF-8 编码格式的流程为：首先通过 decode()函数转换为 Unicode 编码，然后通过 encode()函数转换为 UFT-8 编码；UTF-8 编码转换为 GBK 编码格式的流程为：首先通过 decode()函数转换为 Unicode 编码，然后通过 encode()函数转换为 GBK 编码，如图 2.3 所示。

Python 中提供了两个实用函数 decode()和 encode()。

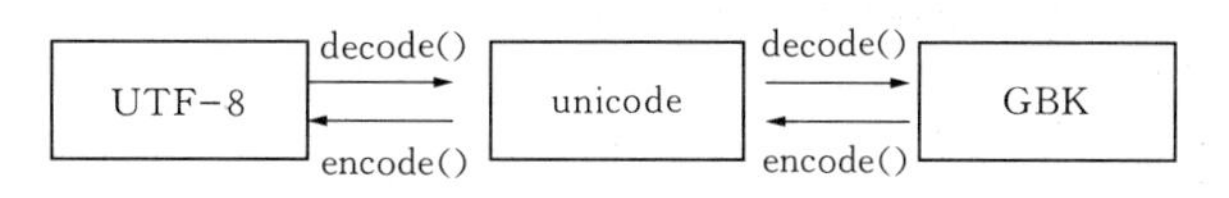

图 2.3 UTF-8 和 GBK 编码之间的转换

UTF-8 编码转换为 GBK 编码的过程为：

```
>>> decode('UTF-8')            # 从 utf-8 编码转换成 Unicode 编码
>>> encode('GBK')              # 将 Unicode 编码编译成 GBK 编码
```

GBK 编码转换为 UTF-8 编码的过程为：

```
>>> decode('GBK')              # 从 GBK 编码转换成 Unicode 编码
>>> encode('UTF-8')            # 将 Unicode 编码编译成 UTF-8 编码
```

2.1.3 Python 注释

Python 中的注释有单行注释和多行注释。

1. 单行注释

单行注释以#开头，例如：

```
# 这是单行注释
print("Hello, World!")
```

2. 多行注释

多行注释用两个三引号（单三引号“'''”或者双三引号“""""”）将注释括起来，例如：

```
#!/usr/bin/python3
'''
这是多行注释,用三个单引号
'''
print("Hello, World!")
```

或

```
#!/usr/bin/python3
"""
这是多行注释,用三个双引号
"""
print("Hello, World!")
```

2.1.4 行与缩进

1. 缩进

与 Java 和 C 等语言不同的是，Python 使用缩进来表示代码块，不需要使用大括号{}。

缩进的空格数是可变的，但是同一个代码块的语句必须包含相同的缩进空格数。例如：

```
if True:
```

```
    print ("This  is  True")
else:
    print ("This  is  False")
```

［实例 2.1］中代码最后一行语句缩进数的空格数不一致，会导致运行错误。

【实例 2.1】

```
# 程序名称:PBT2101.py
# 程序功能:展示缩进不一致的错误
# ! /usr/bin/python
# -* - coding: UTF-8 -* -
if True:
    print ("This  is  ")
    print ("True")
else:
    print ("This  is  ")
  print ("False")                # 缩进不一致,会导致运行错误
```

以上程序由于缩进不一致，运行后会出现错误。

```
File "PBT2101.py", line 10
    print ("False")              # 缩进不一致,会导致运行错误
                                           ^
IndentationError: unindent does not match any outer indentation level
```

2. 多行语句

若语句很长，可以使用反斜杠(\)来实现多行语句，例如：

```
total =  item_one +  \
         item_two +  \
         item_three
```

也可将多行语句放在括号（[],{},或()）中，而不使用反斜杠(\)，例如：

```
total =  ['item_one', 'item_two', 'item_three',
          'item_four', 'item_five']
```

2.1.5　常用的几个函数或命令

1. input()函数

input()内置函数可从标准输入读入一行文本，默认的标准输入是键盘。

```
# ! /usr/bin/python3
str = input("请输入:");
print ("你输入的内容是: ", str)
```

2. print()函数

print()内置函数可实现将特定对象（如 Number 型数字、字符串等）输出屏幕。

例如：

```
print ("Hello Python!")
```

运行后输出结果为：

```
Hello Python!
```

输出多项内容时，内容之间用逗号“,”隔开。例如：

```
str1= "good"
i= 100
print ("Hello Python!",str, " i= ",i)
```

运行后输出结果为：

```
Hello Python! good  i= 100
```

print()默认是换行的，若想不换行需要在变量末尾加上“end=""”。例如：

```
# 不换行输出
print("This  is ", end= " " )
print("Python")
```

运行后输出结果为：

```
This is Python
```

3. pass 命令

pass 是一个在 Python 中不会被执行的语句。在复杂语句中，如果一个地方需要暂时被留白，它常常被用于占位符。

借助 pass 命令可以防止语法错误，比如：

```
if a> 1:
      pass                # 占位作用
```

这里 if 后的语句块暂时未确定，因此用 pass 作为占位符。如果此时去掉 pass，就会出错。

又如：

```
def  fun():
    pass                  # 占位作用
```

函数 fun()的功能暂时未实现，这时先用 pass 作为占位符。同样，此时去掉 pass，就会出错。

4. del 命令

在 Python 中，一切皆是对象。借助 del 命令可删除任何对象。

```
del  name                 # 删除某个变量
del  Classname            # 删除某个类
```

5. id()函数

在 Python 中，变量实际存储的是内存地址，id()函数用于查看变量指向的内存地址。例如：

```
x= 10
print(id(x))          # 140703774499760
```

6. type()函数

type 标识对象的类型。

```
x= 100
print(type(x))        # < class 'int'>
s= "I am String"
print(type(s))        # < class 'str'>
```

2.1.6　Python 关键字

Python 关键字是字符序列，在 Python 中具有特定含义和用途，不能用作其他用途。Python 关键字见表 2.1。

表 2.1　　Python 关键字

序号	关键字	描　述
1	False	布尔类型的值，表示假，与 True 对应
2	class	定义类的关键字
3	finally	异常处理使用的关键字，用它可以指定始终执行的代码，指定代码在 finally 里面
4	is	is 关键字是判断两个变量的指向是否完全一致，内容与地址需要完全一致，才返回 True，否则返回 False
5	return	Python 函数返回值，函数中一定要有 return 返回值才是完整的函数。如果没有定义函数返回值，那么会得到一个结果是 None 对象，而 None 表示没有任何值
6	None	None 是一个特殊的常量，None 和 False 不同，None 不是 0，也不是空字符串。None 和任何其他数据类型比较永远返回 False。None 有自己的数据类型 NoneType。可以将 None 复制给任何变量，但是不能创建其他 NoneType 对象
7	continue	continue 语句用来告诉 Python 跳过当前循环块中的剩余语句，然后继续进行下一轮循环
8	for	for 循环可以遍历任何序列的项目，如一个列表或者一个字符串
9	lambda	定义匿名函数
10	try	程序员可以使用 try…except 语句来处理异常。把通常的语句块放在 try 块中，而把错误处理的语句放在 except 块中
11	True	布尔类型的值，表示真，与 False 相反
12	def	定义函数用
13	from	在 Python 中用 import 或者 from…import 来导入相应的模块
14	nonlocal	nonlocal 关键字用来在函数或其他作用域中使用外层（非全局）变量
15	while	while 语句重复执行一个语句块。while 是循环语句的一种，while 语句有一个可选的 else 从句

续表

序号	关键字	描　述
16	and	逻辑判断语句，and 左右两边都为真，则判断结果为真，否则都是假
17	del	删除列表中不需要的对象，删除定义过的对象
18	global	定义全局标量
19	not	逻辑判断，取反的意思
20	with	实质是一个控制流语句，with 可以用来简化 try…finally 语句，它的主要用法是实现一个类 _enter_()方法和_exit_()方法
21	as	取新的名字，如 with open('abc.txt')as fp，except Exception as e，import numpy as np 等
22	elif	和 if 配合使用
23	if	if 语句用来检验一个条件，如果条件为真，执行一个语句块（称为 if 块），否则处理另外一块语句（称为 else 块）。else 从句是可选的
24	or	逻辑判断，or 两边有一个为真，判断结果就是真
25	yield	yield 用起来像 return，yield 在告诉程序，要求函数返回一个生成器
26	assret	声明某个表达式必须为真，编程中若该表达式为假就会报错 AssertionError
27	else	与 if 配合使用
28	import	在 Python 中用 import 或者 from…import 来导入相应的模块
29	pass	pass 的意思是什么都不要做，作用是为了弥补语法和空定义上的冲突
30	break	break 语句用来终止循环语句，即使哪怕循环条件没有成为 False 或者序列还没有被完全递归，也会停止循环语句
31	except	使用 try 和 except 语句来捕获异常
32	in	判断对象是否在序列（如列表、元组等）中
33	raise	raise 抛出异常
34	async	async 用来声明一个函数为异步函数。异步函数的特点是能在函数执行过程中挂起，去执行其他异步函数，等到挂起条件［假设挂起条件是 sleep (5)］消失后，也就是 5s 到了再回来执行
35	await	await 用来声明程序挂起，比如异步程序执行到某一步时需要等待的时间很长，就将此挂起，去执行其他的异步程序

说明：

- True、False 和 None 的第一个字母 T、F 和 N 必须大写，其他都是小写。
- 通过下列方式查看所有关键字：

```
import  keyword
print(keyword.kwlist)   # 打印关键字列表
```

2.1.7 Python 标识符

所谓标识符就是用来标识包名、类名、变量名、类名、模块名及文件名等有效字符序列。Python 语言规定标识符由字母、下划线和数字组成，并且第一个字符不能是数字。例如，在字符序列 3 max、room＃、class、userName 和 User_name 中，3max、room#、class 不能作为标识符，因为 3 max 以数字开头，room＃包含非法字符“#”，class 为保留关键字。标识符中的字母是区分大小写的，例如 Beijing 和 beijing 表示不同的标识符。

一般标识符需按照以下规则命名：

- 标识符尽量采用有意义的字符序列，便于从标识符识别出所代表的基本含义。
- 包名是全小写的名词。
- 类名的首字母大写，通常由多个单词合成一个类名，要求每个单词的首字母也要大写，例如 class　HelloWorldApp。
- 接口名的命名规则与类名相同，例如 interface Collection。
- 方法和函数名往往由多个单词合成，第一个单词通常为小写的动词，中间的每个单词的首字母都要大写，例如 balanceAccount 和 isButtonPressed。
- 变量名全小写，一般为名词，例如使用 area 表示面积变量，length 表示长度变量等。
- 不建议使用系统内置的模块名、类型名或函数名以及已导入的模块名及其成员名作变量名，这将会改变其类型和含义，可以通过 dir(_builtins_)查看所有内置模块、类型和函数。

2.2　变量与数据类型

2.2.1　变量

1. 变量概述

与 Java 和 C 语言等不同的是，Python 语言不需要事先声明变量名及其类型。Python 语言的变量是通过赋值来创建的。换言之，每个变量在使用前都必须赋值，只有赋值后，才会创建该变量。

```
score  =  85        # 赋值整型变量
area  =  15.8       # 赋值浮点型变量
name  = "张三"      # 赋值字符串变量
```

以上实例中，85，15.8 和“张三”分别赋值给 score、area、name 变量。

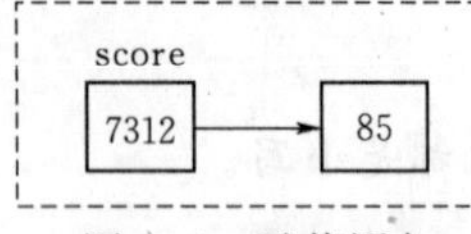

图 2.4　赋值语句

Python 中的变量并不直接存储值，而是存储了值的内存地址或者引用。例如赋值语句“score　= 85”的执行过程是：首先在内存中分配空间存放值 85，然后创建变量 score 指向这个内存地址，如图 2.4 所示。

说明：

(1) 如果赋值语句右边是表达式时，首先计算表达式的值，然后在内存中分配空间存放该值。

(2) Python 允许同时为多个变量赋值。

例如：

```
score1 = score2 = score3 =  85
```

以上实例，三个变量 score1、score2、score3 指向同一个内存空间（即存储 85 的空间）。如图 2.5 所示。

【实例 2.2】

```
# 程序名称:PBT2102.py
# 程序功能:展示多变量赋值
# 程序名称:PBT2102.py
# 程序功能:展示多变量赋值
def main():
    score1  = score2 = score3 = 85
    print("score1 的地址= ",id(score1))
    print("score2 的地址= ",id(score2))
    print("score3 的地址= ",id(score3))

main()
```

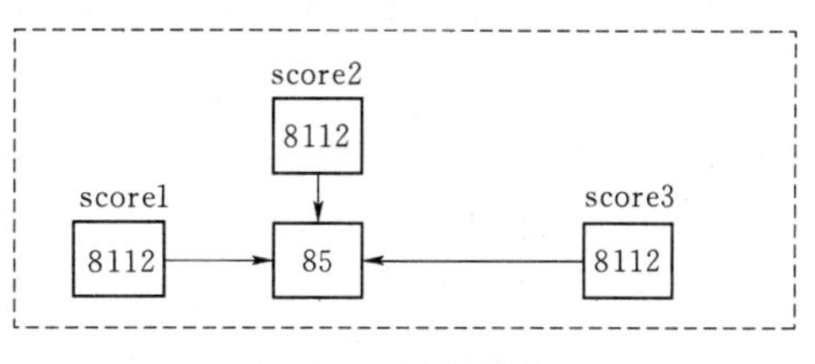

图 2.5 赋值语句

运行后输出结果为:

```
score1 的地址= 140730125348112
score2 的地址= 140730125348112
score3 的地址= 140730125348112
```

(3) 由于 Python 是按值分配内存空间,因此当变量所赋值发生变化,变量对应的地址空间也发生变化。

```
# 程序名称:PBT2103.py
# 程序功能:展示变量对应的地址随值变化
def main():
    score= 85
    print("score 的地址= ",id(score))
    score= 90
    print("score 的地址= ",id(score))
    score= score+ 5
    print("score 的地址= ",id(score))

main()
```

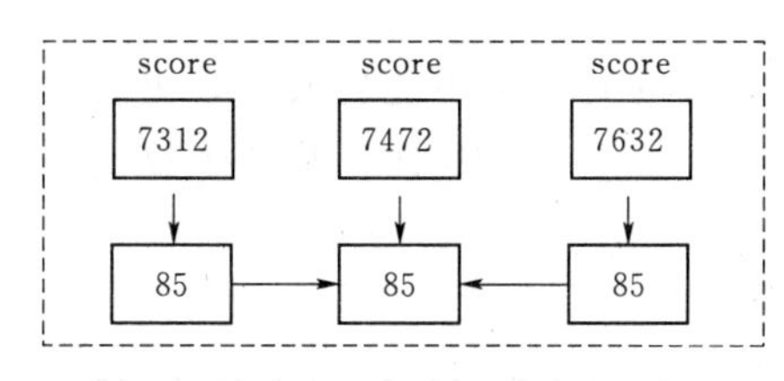

图 2.6 赋值语句

运行后输出的结果为:

```
score 的地址= 1637447312
score 的地址= 1637447472
score 的地址= 1637447632
```

变量地址变化如图 2.6 所示。

(4) 由于变量是指向值所在的存取空间,因此变量的类型是可以变化的。换言之,变量的类型依值而变。

【实例 2.3】

```
# 程序名称:PBT2104.py
```

```
# 程序功能:展示变量的类型改变
score  =  85
print(type(score))
score= "良好"
print(type(score))
```

运行后输出结果为：

```
< class 'int'>
< class 'str'>
```

注意：type()返回变量的类型，后面还会专门介绍。

(5) Python 也允许如下赋值。

```
score,area,name  =  85,15.8,"张三"
```

以上语句将 85，15.8，“张三”分别赋给 score，area，name。

2. 变量删除

Python 中一切都是对象，变量是对象的引用。通过 del 命令可以删除变量，即解除对数据对象的引用。del 语句作用在变量上，而不是数据对象上。

```
a= 1            # 对象 1 被变量 a 引用,对象 1 的引用计数器为 1
b= a            # 对象 1 被变量 b 引用,对象 1 的引用计数器加 1
c= a            # 对象 1 被变量 c 引用,对象 1 的引用计数器加 1
del a           # 删除变量 a,解除变量 a 对对象 1 的引用
del b           # 删除变量 b,解除变量 b 对对象 1 的引用
print(c)        # 最终变量 c 仍然引用对象 1
```

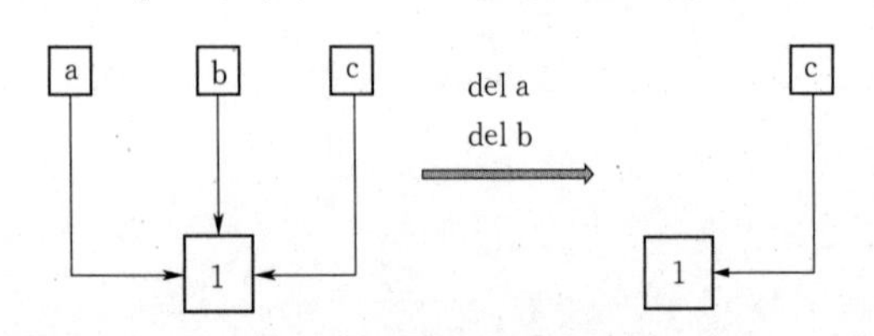

图 2.7　执行 del 语句前后的对比图

del 删除的是变量，而不是数据，如图 2.7 所示。

2.2.2　数据类型概况

Python 数据类型可分为 number（数字型）、str（字符串型）、list（列表型）、tuple（元组型）、set（集合型）和 dictionary（字典型）。其中 number 又可分为 int（整数型）、bool（逻辑型）、float（实数型）和 complex（复数型）。number（数字型）、str（字符串型）、tuple（元组型）为不可变数据类型，不可变数据类型的元素是不能更改的，更改意味着新建一个数据。list（列表型）、set（集合型）、dictionary（字典型）为可变数据类型，这种类型的数据元素可根据需要修改，见表 2.2。

表 2.2　Python 数据类型

数据类型	不可变类型	number（数字型）	int（整数型）
			bool（逻辑型）
			float（实数型）
			complex（复数型）

续表

数据类型	不可变类型	str（字符串型）	
		tuple（元组型）	
	可变类型	list（列表型）	
		set（集合型）	
		dictionary（字典型）	

1. 整数型

整数型的常量：如 123、6000（十进制）、0b11（二进制）、0o77（八进制）和 0x3ABC（十六进制）。

- 十进制整数：如 12、−46 和 0。
- 二进制整数：以 0b 或 0B 开头，如 011 表示十进制数 3。
- 八进制整数：以 0o 或 0O 开头（数字 0、字母 o 或 O），如 0o123 表示十进制数 83，-0o11 表示十进制数−9。
- 十六进制整数：以 0x 或 0X 开头，如 0x123 表示十进制数 291，-0X12 表示十进制数−18。

整型变量的定义：通过赋值定义变量，如下所示。

```
>>> x= 1                    # 定义整型变量 x
>>> print(type(x))          # 结果为:< class 'int'>
```

2. 逻辑型

逻辑型的常量：如 True 和 False。

变量的定义：通过赋值定义变量，如下所示。

```
>>> x= True                 # 定义逻辑型变量 x
>>> print(type(x))          # 结果为:< class 'bool'>
```

注意： True 和 False 中 T 和 F 要大写，其他小写。True 和 False 为关键字，它们的值分别为 1 和 0，可以和数字相加。

3. 实数型

实数型常量通常采用十进制数形式和科学计数法形式两种表示方式。

- 十进制数形式：由数字和小数点组成，且必须有小数点，如 0.123、1.23 和 123.0。
- 科学计数法形式：如 123e3 或 123E3，其中 e 或 E 之前必须有数字，且 e 或 E 后面的是指数必须为整数。

实数型变量的定义：通过赋值定义变量，如下所示。

```
>>> x= 1.0                  # 定义实数型变量 x
>>> print(type(x))          # 结果为:< class 'float'>
```

注意： 只要内存允许，Python 可支持任意大的数字。

【实例 2.4】

```
# 程序名称:PBT2201.py
# 程序功能:展示任意大的数
# ! /usr/bin/python
# -*- coding: UTF - 8 -*-
x  =  999**100
print(type(x))
print(x)
y =  999.9**100
print(type(y))
print(y)
```

运行后输出结果为：

```
< class 'int'>
9047921471137090420322146062399503478004884163334699292762046385727864865929676876514422937530754221634708275437759103587724836326644009455603811669774213679307190700254932879346466814926484039597545754315414878240893664782083624258068844252058534978464632394104638107034879311771164010633049499000001
< class 'float'>
9.900493386913685e+ 299
```

说明：x 为 int 型，y 为 float 型，x 和 y 都是足够大的数。

4. 复数型

复数型常量：如 3＋4j，5＋6J 等。

实数型变量的定义：通过赋值定义变量，如下所示。

```
>>> x= 3+ 4j                    # 定义复数型变量 x
>>> print(type(x))              # 结果为:< class 'complex'>
```

5. 字符串型

字符串（str）是由数字、字母、下划线组成的一串字符有序序列。

一般记为：

$$s="a_1 a_2 \cdots a_n" \quad (n\geqslant 0)$$

或

$$s='a_1 a_2 \cdots a_n' \quad (n\geqslant 0)$$

从上可知，字符串可由单引号“'”或双引号“"”括起来。n 为字符串的长度，n＝0 时为空串，n＝1 时为单字符串。Python 没有字符类型，可由单字符串替代。

Python 还使用转义字符常量，如'\n'为换行转义字符常量。表 2.3 列出了常见的转义字符常量。

变量的定义：通过赋值定义字符串变量，如下所示。

```
>>> s= '你好! Python'
```

有关字符串的使用后面章节将详细介绍。

表 2.3 常见的转义字符常量

转义字符	含义
\b	backspace（BS，退格）
\t	horizontal tab（HT Tab 键）
\n	linefeed（LF，换行）
\f	form feed（FF，换页）
\r	carriage return（CR，回车）
\"	"(double quote，双引号）
\'	'(single quote，单引号）
\\	\(backslash，反斜杠）
\(在行尾时）	续行符

6. 元组型

元组（tuple）是若干个元素构成的序列，由小括号“()”标识。元组与列表类似，也可以由不同类型组成，不同之处在于元组的元素不能修改。

如元组(1,2,'first','second')中的元素包括整数型和字符串型。

又如列表(1,'first',['first','second'])中的元素包括整数型、字符串型和列表型。

元组型变量的定义：通过赋值定义变量，如下所示。

```
>>> tup1 = ()                               # 空元组
>>> tup2 = (1,)                             # 一个元素,注意需要在元素后添加逗号
>>> tup3= ('优秀', '合格', '不合格')        # 三个元素
>>> print(type(tup3))                       # 结果为:< class 'tuple'>
```

有关元组的使用后面章节将详细介绍。

7. 列表型

列表（list）是若干个元素构成的有序序列，由中括号“[]”标识。列表中元素类型可以不相同，可以是数字型、字符串型、元组型、列表型、集合型、字典型等。

如列表[1,2,'first','second']中元素包括整数型和字符串型，列表[1,'first',['first','second']]中的元素包括整数型、字符串型和列表型，列表[1,'first',['first','second'],('冠军','亚军'),{1,2,3}]中的元素包括数字型，字符串型、元组型、列表型、集合型。

列表型变量的定义：通过赋值定义变量，如下所示。

```
>>> list1 = ()                              # 空列表
>>> list2= [1,2,3]                          # 定义列表型变量 x
>>> print(type(list2))                      # 结果为:< class 'list'>
```

有关列表的使用后面章节将详细介绍。

8. 集合型

集合（set）是若干个元素构成的无序序列，由大括号“{}”标识。集合中的元素类型可以多样化，可以为数字型、字符串型和元组型，但不能为列表型、集合型和字典型。

如集合{1,'first',('冠军','亚军')}中元素包括数字型、字符串型和元组型。

集合型变量的定义：通过赋值定义变量，如下所示。

```
>>> set1= {1,'first',('冠军','亚军')}    # 定义由多个元素构成的集合
>>> print(type(set1))                    # 结果为:< class 'set'>
```

有关集合的使用后面章节将详细介绍。

9. 字典型

字典（dictionary）是一个无序的键(key)：值(value)的集合，由大括号“{}”标识。字典元素是通过键(key)来存取的，而不是通过索引存取的。键(key)必须使用不可变类型，一个字典中键(key)的类型可以不同，但键值不能相同。值(value)的类型可以是任何数据类型，一个字典中值(value)的类型可以不同。

字典型变量的定义：通过赋值定义变量，如下所示。

注意：set1={}是创建一个空字典，而不是空集合，空集合的创建需要使用函数 set()。

```
>>> dict1= {}                            # 创建空字典
>>> print(type(dict1))                   # 结果为:< class 'dict'>
>>> dict2 = {1: '优秀',2:'良好',3:'及格',0:'不及格'}
>>> print(type(dict2))                   # 结果为:< class 'dict'>
```

有关字典的使用后面章节将详细介绍。

【实例 2.5】

```
# 程序名称:PBT2202.py
# 程序功能:测试列表、元组、集合和字典的定义
# ! /usr/bin/python
# -*- coding: UTF-8-*-

def testList():
    print("List........................................")
    list1 = [1,2,'first','second']
    print(type(list1))
    print(list1)
    list2 = [1 ,'first',['first','second'],('冠军','亚军'),{1,2,3},{1: '优秀',
2:'良好',3:'及格',0:'不及格'}]
    print(type(list2))
    print(list2)
    print(list2[:3])

def testTuple():
    print("Tuple......................................")
    tup1= (1,2,'first','second')
    print(type(tup1))
    print(tup1)
    tup2 = (1 ,'first',['first','second'],('冠军','亚军'),{1,2,3},{1: '优秀',2:'良
```

```
好',3:'及格',0:'不及格'})
        print(type(tup2))
        print(tup2)
        print(tup2[0:2])
        tup3= (1,)
        print(tup2[0:1])

    def testSet():
        print("Set.......................................")
        # set1 = {1 ,'first',['first1','second'],('冠军','亚军'),{1,2,3},{1: '优
秀',2:'良好',3:'及格',0:'不及格'}}
        set1 = {1 ,'first',('冠军','亚军')}
        print(type(set1))
        print(set1)
        set2= {}
        print(type(set2))
        print(set2)
        # print(set1[0:2])

    def testDict():
        print("Dictionary.......................................")
        dict1 =  {1: '优秀',2:'良好',3:'及格',0:'不及格'}
        print (dict1[1])              # 输出键为 1 的值
        print (dict1[2])              # 输出键为 2 的值
        print (dict1)                 # 输出完整的字典
        print (dict1.keys())          # 输出所有键
        print (dict1.values())        # 输出所有值
        print(type(dict1))
        dict2 =  {1:111,'str':"字符串",3:[1,2,3],4:(4,5,6),5:{7,8,9},6:{1: '优秀',2:
'良好',3:'及格',0:'不及格'}}
        print (dict2[1])              # 输出键为 1 的值
        print (dict2['str'])          # 输出键为 2 的值
        print (dict2)                 # 输出完整的字典
        print (dict2.keys())          # 输出所有键
        print (dict2.values())        # 输出所有值
        print(type(dict2))

    def main():
        testList()
        testTuple()
        testSet()
        testDict()
```

```
main()
```

运行后输出结果为：

```
List.......................................
< class 'list'>
[1, 2, 'first', 'second']
< class 'list'>
[1, 'first', ['first', 'second'], ('冠军', '亚军'), {1, 2, 3}, {1: '优秀', 2: '良好', 3: '及格', 0: '不及格'}]
[1, 'first', ['first', 'second']]
Tuple.......................................
< class 'tuple'>
(1, 2, 'first', 'second')
< class 'tuple'>
(1, 'first', ['first', 'second'], ('冠军', '亚军'), {1, 2, 3}, {1: '优秀', 2: '良好', 3: '及格', 0: '不及格'})
(1, 'first')
(1,)
Set.......................................
< class 'set'>
{'first', 1, ('冠军', '亚军')}
< class 'dict'>
{}
Dictionary.......................................
优秀
良好
{1: '优秀', 2: '良好', 3: '及格', 0: '不及格'}
dict_keys([1, 2, 3, 0])
dict_values(['优秀', '良好', '及格', '不及格'])
< class 'dict'>
111
字符串
{1: 111, 'str': '字符串', 3: [1, 2, 3], 4: (4, 5, 6), 5: {8, 9, 7}, 6: {1: '优秀', 2: '良好', 3: '及格', 0: '不及格'}}
dict_keys([1, 'str', 3, 4, 5, 6])
dict_values([111, '字符串', [1, 2, 3], (4, 5, 6), {8, 9, 7}, {1: '优秀', 2: '良好', 3: '及格', 0: '不及格'}])
< class 'dict'>
```

2.2.3　可变类型和不可变类型内存分配的特点

在 Python 中，可变类型和不可变类型在内存分配上具有以下特点。

1. 可变类型的内存分配特点

对可变类型的数据，同一值赋值给不同的变量，这些变量对应的 id 值不相同。同一值多次赋值给同一变量，该变量对应的 id 值不相同。

举例说明如下。

【实例 2.6】

```
# 程序名称:PBT2204.py
# 程序功能:可变类型的内存分配特点
def main():
    # 多次赋值给同一变量
    list1= [1,2,3]
    print("id(list1)= ",id(list1))
    list1= [1,2,3]
    print("id(list1)= ",id(list1))
    list1= [1,2,3]
    print("id(list1)= ",id(list1))

    # 赋值给不同变量
    list1= [1,2,3]
    list2= [1,2,3]
    print("id(list1)= ",id(list1))
    print("id(list1[0])= ",id(list1[0]))
    print("id(list1[1])= ",id(list1[1]))
    print("id(list1[2])= ",id(list1[2]))
    print("id(list2)= ",id(list2))
    print("id(list2[0])= ",id(list2[0]))
    print("id(list2[1])= ",id(list2[1]))
    print("id(list2[2])= ",id(list2[2]))

main()
```

运行后输出结果为：

```
id(list1)=  3011994411656
id(list1)=  3011994411720
id(list1)=  3011994411656

id(list1)=  2218990188296
id(list1[0])=  140703774499472
id(list1[1])=  140703774499504
id(list1[2])=  140703774499536
id(list2)=  2218988954248
id(list2[0])=  140703774499472
id(list2[1])=  140703774499504
id(list2[2])=  140703774499536
```

2. 不可变类型的内存分配特点

对不可变类型的数据，同一值赋值给不同的变量，这些变量对应的 id 值相同。当给变量的赋值发生变化时，该变量对应的 id 值也会变化。

举例说明如下。

【实例 2.7】

```
# 程序名称:PBT2203.py
# 程序功能:不可变类型的内存分配特点
def main():
    print("赋值变化前......")
    a1 = 2
    a2 = 2
    print("id(a1)= ",id(a1))
    print("id(a2)= ",id(a2))

    c1 = 3+ 2j
    c2 = 3+ 2j
    print("id(c1)= ",id(c1))
    print("id(c2)= ",id(c2))

    s1 = 'Good'
    s2 = 'Good'
    print("id(s1)= ",id(s1))
    print("id(s2)= ",id(s2))

    tup1= (1,2,3,4)
    tup2= (1,2,3,4)
    print("id(tup1)= ",id(tup1))
    print("id(tup2)= ",id(tup2))

    print("赋值变化后......")
    a1 = 3
    a2 = 3
    print("id(a1)= ",id(a1))
    print("id(a2)= ",id(a2))

    c1 = 3+ 4j
    c2 = 3+ 4j
    print("id(c1)= ",id(c1))
    print("id(c2)= ",id(c2))

main()
```

运行后输出结果为：

```
id(a1)= 140703763554992
id(a2)= 140703763554992
id(c1)= 2118875893584
id(c2)= 2118875893584
id(s1)= 2118877508080
id(s2)= 2118877508080
id(tup1)= 2118876119832
id(tup2)= 2118876119832
赋值变化后……
id(a1)= 140703763555024
id(a2)= 140703763555024
id(c1)= 2118875890960
id(c2)= 2118875890960
```

2.2.4 数据类型转换

数据类型转换就是从一种数据类型转换成另一种数据类型。例如，数字型 123 转换成字符串'123'。在 Python 中，可利用一系列内置函数实现这些类型转换。

例如：

```
>>> chr(123)          # 数字型 123 转换成字符串'123'
>>> tuple([1,2,3])    # 将列表[1,2,3]转换成元组(1,2,3)
```

常见的类型转换函数见表 2.4。

表 2.4 常见的类型转换函数

函　　数	功　能　描　述
int(x[,base])	将 x 转换为整数
float(x)	将 x 转换为浮点数
complex(real [,imag])	创建一个复数
str(x)	将对象 x 转换为字符串
repr(x)	将对象 x 转换为表达式字符串
eval(str)	用来计算在字符串中的有效 Python 表达式，并返回一个对象
tuple(s)	将序列 s 转换为元组
list(s)	将序列 s 转换为列表
set(s)	转换为可变集合
dict(d)	创建一个字典。d 必须是一个序列(key,value)元组
frozenset(s)	转换为不可变集合
chr(x)	将 x 转换为字符
ord(x)	将 x 转换为它的整数值
hex(x)	将 x 转换为十六进制字符串
oct(x)	将转换为八进制字符串

2.3　运算符和表达式

2.3.1　算术运算符和算术表达式

Python 算术运算符主要包括二元运算符（如+、-、*、/、%、** 和//），见表 2.5。表中 a=15，b=35。

表 2.5　Python 算术运算符

运算符	描　述	实　例
+	两个对象相加	a+b 输出结果 50
-	得到负数或是一个数减去另一个数	a-b 输出结果-20
*	两个数相乘或是返回一个被重复若干次的字符串	a*b 输出结果 525 "Hello"*2 结果为 HelloHello
/	x 除以 y	b/a 输出结果 2.33
%	返回除法的余数	b%a 输出结果 5
**	返回 x 的 y 次幂	b**a 为 b 的 a 次方，即 35 的 15 次方，输出结果 1448840792828928466796875
//	返回商的整数部分（向下取整）	>>>b//a　#结果为 2 >>>-b//a　#结果为-3

注意：

(1) +运算符除了用于算术加法以外，还可以用于列表、元组、字符串的连接，但不支持不同类型的对象之间相加或连接。

```
>>> [1, 2, 3] + ['a', 'b', 'c']                # 连接两个列表
[1, 2, 3,'a', 'b', 'c']
>>> (1, 2, 3) + (4,)                           # 连接两个元组
(1, 2, 3, 4)
>>> 'Python' + '3.6.5'                         # 连接两个字符串
'Python3.6.5'
>>>  [1, 2, 3] + (4,)                          # 不支持列表与元组相加,抛出异常
TypeError: can only concatenate list (not "tuple") to list
```

(2) *运算符除了用于算术乘法外，还可用于列表、元组或字符串三种有序序列与整数相乘，表示将序列复制整数倍，生成新的序列对象。由于字典和集合中的元素不允许重复，因此它们不支持与整数的相乘。

```
>>> ['a', 'b', 'c'] * 3
['a', 'b', 'c', 'a', 'b', 'c', 'a', 'b', 'c']
>>> (1, 2, 3) * 3
(1, 2, 3, 1, 2, 3, 1, 2, 3)
>>> 'abc' * 5
'abcabcabcabcabc'
```

2.3.2 关系运算符和关系表达式

Python 关系运算符用来比较两个值的关系，关系运算符的运算结果是 bool 型数据，当运算符对应的关系成立时，运算结果是 true，否则是 false。表 2.6 列出了 Python 关系运算符。

表 2.6 Python 关系运算符

运算符	表达式	返回 true 的情况
＞	op1＞op2	op1 大于 op2
＞＝	op1＞＝op2	op1 大于或等于 op2
＜	op1＜op2	op1 小于 op2
＜＝	op1＜＝op2	op1 小于或等于 op2
＝＝	op1＝＝op2	op1 与 op2 相等
！＝	op1！＝op2	op1 与 op2 不等

说明：

(1) Python 关系运算符可以连用。多关系运算符连用时，具有惰性求值或者逻辑短路的特点，即从左向右运算中，一旦有部分结果为 False，则终止后面的计算，最终结果为 False。

```
>>> 2< 6 < 8    # 等价于 2 < 6  and  6 < 8
True
>>> 2 < 8 > 6   # 等价于 2 < 8  and  8> 6
True
>>>2 > 6 < 8    # 等价于 2 > 6  and  6 < 8
False
```

(2) 实数型数据之间比较是否相等时，不宜使用"x＝＝y"，而应使用两个数之差的绝对值小于一个很小的数的形式判断。

2.3.3 逻辑运算符和逻辑表达式

表 2.7 列出了 Python 逻辑运算符。

表 2.7 Python 逻辑运算符

运算符	逻辑表达式	描述
and	x and y	布尔"与"：如果 x 为 false，返回 false；否则返回 y 的计算值
or	x or y	布尔"或"：如果 x 是非 0，返回 x 的值；否则返回 y 的计算值
not	not x	布尔"非"：如果 x 为 true，返回 false；如果 x 为 False，返回 true

说明：

Python 逻辑运算符具有惰性求值或者逻辑短路的特点，即对 and 运算，如果左边操作元为 False，则运算终止，即不计算右边操作元，最终该运算为 False；对 or 运算，如果左边操作元为 True，则运算终止，即不计算右边操作元，最终该运算为 True。

```
>>> 6 < 2  and  8
False
>>>2< 6  or  8
True
>>>2< 6  and  8
8
>>>6  or  2> 8
6
```

2.3.4　赋值运算符和赋值表达式

1. 赋值运算符

赋值运算符“=”是双目运算符，左边的操作元必须是变量，右边的操作元可以是常量，也可以是变量，还可以是常量和变量构成的表达式。

使用格式如下：

```
变量= 表达式
```

其作用是将一个表达式的值赋给一个变量，如下所示：

a=10 就是将常量 10 赋值给变量 a。

a=x 就是将变量 x 的值赋值给变量 a。

a=x+10 就是将表达式 x+10 的结果赋值给变量 a。

2. 复合赋值运算符

复合赋值运算符是在赋值运算符之前加上其他运算符的运算符。常见的复合赋值运算符有+=、-=、*=、/=及%=等，如下所示：

x+=1 等价于 x=x+1。

x*=y+z 等价于 x=x*(y+z)。

x/=y+z 等价于 x=x/(y+z)。

x%=y+z 等价于 x=x%(y+z)。

x**=y 等价于 x=x**y。

x//=y 等价于 x=x//y。

3. 赋值表达式

赋值表达式的一般形式如下：

```
< 变量> < 赋值运算符> < 表达式>
```

上式中的＜表达式＞可以是一个赋值表达式。例如，x=(y=8) 括号内的表达式是一个赋值表达式，它的值是 8。整个式子相当于 x=8，结果整个赋值表达式的值是 8。又如，a=b=c=5 可使用一个赋值语句对变量 a、b、c 都赋值为 5。这是因为“=”运算符产生右边表达式的值，因此 c=5 的值是 5，然后该值被赋给 b，并依次再赋给 a。使用串赋值是给一组变量赋同一个值的简单办法。

2.3.5 位运算符

Python 位运算符主要面对基本数据类型，包括 byte、short、int、long 和 char。位运算符包括位与（&）、位或（|）、位非（~）、位异或（^）、左移（<<）及右移（>>）。此外，Python 引入一个专门用于逻辑右移的运算符>>>，它采用了所谓的零扩展技术，不论原值是正或负，一律在高位补 0。

表 2.8 列出了 Python 位运算符。

表 2.8　　Python 位运算符

<table>
<tr><th>运算符</th><th>表达式</th><th>描　述</th></tr>
<tr><td>&</td><td>op1 & op2</td><td>二元运算，按位与，参与运算的两个操作元，如果两个相应位都为 1（或 true），则该位的结果为 1（或 true）；否则为 0（或 false）</td></tr>
<tr><td>|</td><td>op1 | op2</td><td>二元运算，按位或，参与运算的两个操作元，如果两个相应位有一个为 1（或 true），则该位的结果为 1（或 true）；否则为 0（或 false）</td></tr>
<tr><td>~</td><td>~ op1</td><td>一元运算，对数据的每个二进制位按位取反</td></tr>
<tr><td>^</td><td>op1 ^ op2</td><td>二元运算，按位异或，参与运算的两个操作元，如果两个相应位的值相反，则该位的结果为 1（或 true）；否则为 0（或 false）</td></tr>
<tr><td><<</td><td>op1 << op2</td><td>二元运算，操作元 op1 按位左移 op2 位，每左移一位，其数值加倍</td></tr>
<tr><td>>></td><td>op1 >> op2</td><td>二元运算，操作元 op1 按位右移 op2 位，每右移一位，其数值减半</td></tr>
</table>

有关左（右）移位运算符<<(>>)的说明如下：

- 操作元必须是整型类型的数据。
- 左边的操作元称为被移位数，右边的操作元称为移位量。

假设 a 是一个被移位的整型数据，n 是位移量。a<<n 运算的结果是将 a 的所有位都左移 n 位，每左移一个位，左边的高阶位上的 0 或 1 被移出丢弃，并用 0 填充右边的低位。

2.3.6 成员运算符

成员运算符由于测试元素对象是不是字符串，列表、元组、集合或字典的成员。

表 2.9 列出了 Python 成员运算符。

表 2.9　　Python 成员运算符

运算符	描　述	实　例
in	如果在指定的序列中找到值返回 True，否则返回 False	x=1 y=（1，2，3，4） x in y 返回 True
not in	如果在指定的序列中没有找到值返回 True，否则返回 False	x=5 y=（1，2，3，4） x not in y 返回 True

2.3.7 身份运算符

身份运算符用于比较两个对象的存储单元。

表 2.10 列出了 Python 身份运算符。

表 2.10　　Python 身份运算符

运算符	描　述	实　例
is	is 是判断两个标识符是不是引用自一个对象。x is y，类似 id(x)==id(y)，如果引用的是同一个对象则返回 True，否则返回 False	x=y=2 x is y 返回 True
is not	is not 是判断两个标识符是不是引用自不同对象。x is not y，类似 id(x)!=id(y)。如果引用的不是同一个对象则返回 True，否则返回 False	x=2 y=3 x is not y 返回 True

2.3.8　运算符优先级

Python 的一般表达式就是用运算符及操作元连接起来的符合 Python 规则的式子，简称表达式。一个 Python 表达式必须能求值，即按着运算符的计算法则，可以计算出表达式的值。

优先级决定了同一表达式中多个运算符被执行的先后次序，如乘除运算优先于加减运算，同一级里的运算符具有相同的优先级。运算符的结合性则决定了相同优先级的运算符的执行顺序。Python 语言中的大部分运算符也是从左向右结合的，只有单目运算符、赋值运算符和三目运算符例外，它们是从右向左结合的，也就是说，它们是从右向左运算的。乘法和加法是两个可结合的运算符，也就是说，这两个运算符左右两边的操作数可以互换位置而不会影响结果。

表 2.11 给出了 Python 语言各运算符的优先级。

表 2.11　　运算符优先级一览表

运　算　符	描　述	优先级
(),[]	括号	1
x. attrbute	属性访问	2
**	指数	3
～	按位取反	4
+，－	符号运算符	5
*，/，%，//	乘、除、取模和取整除	6
+，－	加法、减法	7
>>，<<	右移、左移运算符	8
&	按位与	9
^	按位异或	10
|	按位或	11
==,!=,<=,<,>,>=	比较运算符	12
=,%=,/=,//=,-=,+=,*=,**=	赋值运算符	13
is,is not	身份运算符	14
in,not in	成员运算符	15
not	逻辑非	16

续表

运　算　符	描　　述	优先级
and	逻辑与	17
or	逻辑或	18
lambda	lambda 表达式	19

注：

（1）表中运算符对应的优先级数越低表示优先级越高。在同一个表达式中运算符优先级高的先执行。

（2）注意区分正负号和加减号，以及按位与和逻辑与的区别。

（3）在实际的开发中，不需要去记忆运算符的优先级别，也不要刻意地使用运算符的优先级别，对于不清楚优先级的地方使用小括号去进行替代。

从表 2.11 可知，括号的优先级最高。不论在什么时候，当一时无法确定某种计算的执行次序时，可以使用加括号的方法来明确指定运算的顺序。不要过多地依赖运算符的优先级来控制表达式的执行顺序，这样可读性太差，应尽量使用括号“()”来控制表达式的执行顺序。这样不容易出错，同时也是提高程序可读性的一个重要方法。

举例说明如下。

```
>>> x= 1
>>> y= 2
>>> z= 3
>>> print(y> x or x> z and y> z)
```

对表达式 y>x or x>z and y>z 而言，由于比较运算符的优先级高于逻辑运算符的优先级，因此首先依次计算 y>x，x>z，y>z，结果分别为 True、False 和 False；其次，对逻辑运算符 and 和 or 来说，and 优先级高，因此先计算 False and False，结果为 False，然后计算 True or False，显然最终结果为 True。

一些初学者由于对运算符优先级掌握得不是很好，往往认为结果应该是 False，即认为先进行 or 运算，True or False 的结果为 True，然后进行 and 运算，这样最终结果为 False。

因此，这样的表达式对初学者来说，可读性差，难理解，建议加上括号。例如，将上述表达式修改成(y>x)or((x>z)and(y>z))，这样就很容易理解了。

2.4 条件控制语句、循环语句和跳转语句

2.4.1 条件控制语句

1. if-else 语句

if-else 语句的格式如下所示：

```
if 表达式:
        语句块 1
else:
        语句块 2
```

图 2.8 给出了 if－else 语句的执行过程。

提示：Python 中表达式为不为零的任何值时都为真。

2. 多条件 if－elif－else 语句

多条件 if－elif－else 语句的格式如下所示：

```
if 表达式 1:
    语句块 1
elif 表达式 2:
    语句块 2
    ...
elif 表达式 n:
    语句块 n
else:
    语句块 m
```

图 2.9 给出了多条件 if－elif－else 语句的执行过程。

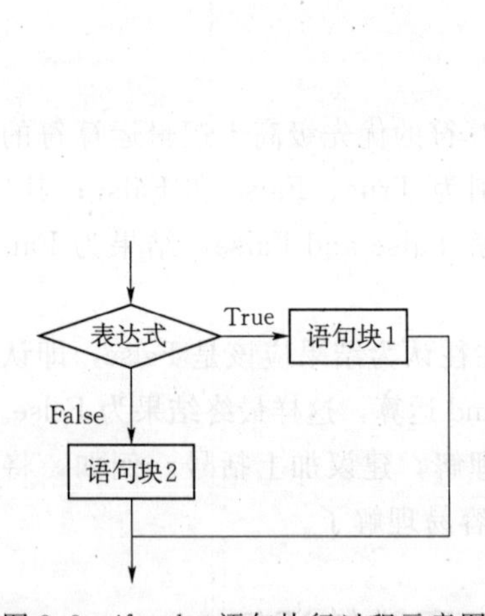

图 2.8　if－else 语句执行过程示意图

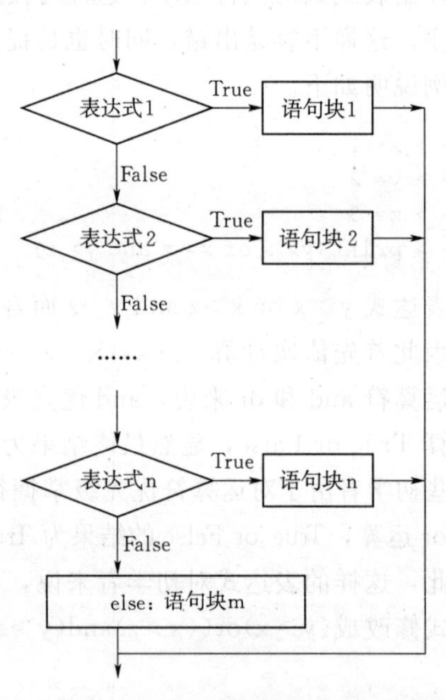

图 2.9　多条件 if－elif－else 语句执行过程示意图

【实例 2.8】

如果一个学生的分数在区间[90，100]，则显示优秀；在区间[80，89]，则显示良好；在区间[70，79]，则显示中等；在区间[60，69]，则显示及格；否则显示不及格。示例代码如下所示。

```
# 程序名称:PBT2402.py
# 功能:演示 if-elif-else 的使用
# ! /usr/bin/python
# -*- coding: UTF-8-*-
```

```
def main():
 score= int(input("输入分数:"))
 if  90< =  score < = 100:
              str1= "优秀"
 elif 80< =  score< = 89:
              str1= "良好"
 elif 70< = score< = 79:
              str1= "中等"
 elif 60< =  score< = 69:
              str1= "及格"
 else:
              str1= "不及格"
 print("成绩为",str1)

main()
```

2.4.2 循环语句

1. while 循环

while 循环用于当条件满足（表达式为 True）时，执行特定语句块。while 循环的一般格式如下：

```
while 表达式:
   语句块 while
```

或

```
while 表达式:
   语句块 while
else:
   语句块 else
```

当表达式为 True 时，执行 while 的“语句块 while”，否则如果包含 else 语句时，则执行 else 的“语句块 else”。

2. for 循环

for 循环用于遍历某一序列中的每一个元素，即从第一个元素开始依次访问该序列对象中的每一个元素。for 循环的一般格式如下：

```
for  变量 in 序列:
     语句块 for
```

或

```
for  变量 in 序列:
     语句块 for
else:
     语句块 else
```

当序列未穷尽时，执行 for 的“语句块 for”，否则如果包含 else 语句时，则执行 else 的“语句块 else”。

说明：range()函数可以生成数列，因此可以和 for 循环配套使用。range()函数的格式为：

```
range(start,end[,step])
```

其作用为生成一个初始值为 start，截止值为 end，步长为 step 的数列，step 省略时步长默认为 1。生成的数列不包括 end。

```
>>> for i in range(5,9) :
        print(i, end= " ")
```

运行后输出结果为：

```
5 6 7 8
>>>
```

【实例 2.9】

利用 for 循环编写一个程序实现以下功能：求 1～n 之间能被 m 整除的整数的和。

```
# 程序名称:PBT2403.py
# 功能:演示 for 循环应用
# ! /usr/bin/python
# -*- coding: UTF-8 -*-
def main():
 n= 20
 m= 5
 sum= 0
 for  i in range(0,n+ 1):
        if (i% m= = 0):
              sum= sum+ i
 print("sum= ",sum)

main()
```

【实例 2.10】

利用 while 循环编写一个程序实现以下功能：求 1～n 之间能被 m 整除的整数的和。

```
# 程序名称:PBT2404.py
# 功能:演示 while 循环应用
# ! /usr/bin/python
# -*- coding: UTF-8 -*-
def main():
 n= 20
 m= 5
```

```
 sum= 0
 i= 1
 while  i < = n:
       if (i% m= = 0):
              sum= sum+ i
       i= i+ 1
 print("sum= ",sum)

main()
```

2.4.3 跳转语句

跳转语句包括 break 语句、continue 语句和 return 语句。

1. break 语句

在 Python 语言中，break 语句的作用为：跳出当前循环，并从紧跟该循环的第一条语句处执行。

【实例 2.11】

break 语句的使用演示。

```
# 程序名称:PBT2405.py
# 功能:演示 break 应用
# ! /usr/bin/python
#  -* - coding: UTF - 8 -* -
def main():
 n= 50
 i= 1
 while  i < = n:
       if (i% 5= = 0):
              break
       print(i,"不能被 5 整除!!")
       i= i+ 1

main()
```

运行后输出结果为：

```
1 不能被 5 整除!!
2 不能被 5 整除!!
3 不能被 5 整除!!
4 不能被 5 整除!!
```

说明：

- 此程序的功能为判断 1～n 之间的数是否能被 5 整除，如果能则终止，否则输出该数。
- 由于当 i=5 时能被 5 整除，此时 if 语句的条件表达式为 True，执行 break 语句，跳出循环。

- 此程序与程序 PBT2407.Python 的唯一区别就是使用 break 替换了 continue 语句，但功能迥异。

注意：执行 break 语句跳出 for 或 while 的循环体时，任何与循环对应的 else 语句块将不再执行。

【实例 2.12】

```
# 程序名称:PBT2406.py
# 功能:演示 break 对 for 或 while 的 else 语句块的影响
# ! /usr/bin/python
# -*- coding: UTF-8-*-
def main():
n= 10
i= 1
import random
while  i < = n:
     num=  random.randint(0,99)
     if (num% 5= = 0):
          break
     print(num,"不能被 5 整除!!")
     i= i+ 1
else:
     print("循环正常终止!!!")
print("程序结束!!!")

main()
```

某次运行时结果（记为情况 A）：

```
84 不能被 5 整除!!
77 不能被 5 整除!!
64 不能被 5 整除!!
53 不能被 5 整除!!
91 不能被 5 整除!!
78 不能被 5 整除!!
程序结束!!!
```

某次运行时结果（记为情况 B）：

```
76 不能被 5 整除!!
96 不能被 5 整除!!
93 不能被 5 整除!!
91 不能被 5 整除!!
78 不能被 5 整除!!
```

```
77 不能被 5 整除!!
49 不能被 5 整除!!
3 不能被 5 整除!!
59 不能被 5 整除!!
99 不能被 5 整除!!
循环正常终止!!!
程序结束!!!
```

说明:

- 此程序的功能为生成一个随机整数判断是否能被 5 整除,如果能则终止,否则输出该数。利用 while 循环控制生成随机整数的次数(n 次)。
- 当 n 次生成的随机整数都不能被 5 整除时,while 循环正常结束,此时执行与 while 对应的 else 语句块,即输出"循环正常终止!!!",如情况 B 所示。
- 当在小于 n 的第 i 次生成的随机整数能被 5 整除时,执行 break 语句,终止 while 循环,此时不执行与 while 对应的 else 语句块,即不输出"循环正常终止!!!",如情况 A 所示。

2. continue 语句

continue 语句用于结束本次循环,跳过循环体中下面尚未执行的语句,接着进行终止条件的判断,以决定是否继续循环。

【实例 2.13】

现将 PBT2405.py 中的 break 语句换成 continue 语句,其他语句不变,看看 continue 语句的影响。

```
# 程序名称:PBT2407.py
# 功能:演示 continue 应用
# ! /usr/bin/python
# -*- coding: UTF-8 -*-
def main():
  n= 50
  i= 1
  while  i < = n:
        if (i% 5= = 0):
              continue
        print(i,"不能被 5 整除!!")
        i= i+ 1

main()
```

运行后输出结果为:

```
1 不能被 5 整除!!
2 不能被 5 整除!!
3 不能被 5 整除!!
```

4 不能被 5 整除!!
死循环……

说明：此程序的功能为判断 1～n 之间的数是否能被 5 整除，如果不能则输出该数；如果能被 5 整数，则执行 continue 语句，转向执行条件判断“i＜＝n”，而不执行 if 后面的语句，此时 i＝i＋1 语句未执行。因此 i＝5 时，能被 5 整除，由于 i＝i＋1 未执行，i 始终等于 5，出现死循环。

2.5　本 章 小 结

本章介绍了 Python 语言基础知识，其主要内容有 Python 注释、Python 关键字、Python标识符、Python 常量和数据类型、运算符和表达式、Python 语句（条件控制语句、循环语句、跳转语句）等。

2.6　思考和练习题

1. 请说明注释的作用。

2. 判断下列哪些是标识符。

(1) 3class　　(2) byte　　(3)? room

(4) Beijing　　(5) Beijing　　(6) class

3. 请分别用 if - elif - else 语句实现以下功能的程序。

当输入月份为 1，2，3 时，输出“春季”；为 4，5，6 时，输出“夏季”；为 7，8，9 时，输出“秋季”；为 10，11，12 时，输出“冬季”。

4. 编写输出乘法口诀表的程序。

乘法口诀表的部分内容如下。

```
1* 1= 1
1* 2= 2 2* 2= 4
1* 3= 3 2* 3= 6 3* 3= 9
1* 4= 4 2* 4= 8 3* 4= 12 4* 4= 16
...
```

```
          A
      B       C
  D       E       F
G     H       I       J
K     L       M       N
  O       P       Q
      R       S
          T
```

图 2.10　效果图图示

5. 请编写程序实现如图 2.10 所示的效果图。

6. 分别利用 for 语句、while 语句编写一个求阶乘程序（即 n! ＝1×2×3×…×n)。

7. 编写一个利用简单迭代法求解下列方程的 Python 程序。

$$x^3 - 15x + 14 = 0$$

8. 复习 break 和 continue 语句，并调试本章中涉及这两个语句的程序。

Python

第3章

函数与模块

函数是实现特定功能的一组语句。Python 语言函数调用时，参数传递具有独特性，传递参数可分为位置参数、默认参数、关键字参数和可变参数等，函数可以递归调用，也可以定义无名函数，还可将函数应用于序列，累积迭代调用函数。模块是一组 Python 代码的集合，主要定义了一些公用函数和变量等。模块可提高代码的可维护性和开发效率，还可以避免函数名和变量名冲突。

本章学习目标

- 理解并掌握函数的含义及应用。
- 理解并掌握模块的含义及应用。

3.1 函　　数

函数是实现特定功能的一组语句。Python 使用函数，不仅可以完成特定功能，而且可以提高代码重用，提高程序开发效率。Python 提供了许多内建函数，用户也可以自定义函数。

3.1.1 函数定义和调用

1. 函数定义的格式

Python 定义函数使用 def 关键字，一般格式如下：

```
def 函数名(参数列表):
    函数体
```

说明：

(1) def 是定义函数的关键字。

(2) 函数名由用户自行定义，函数名最好要有一定的含义，即通过名称大致知道该函数要实现什么功能，所谓顾名思义。

(3) 参数列表中给出了传递的参数，即形式参数（简称“形参”）。

(4) 函数体中通常包含一个 return 语句，用于返回值。通常 return 语句位于函数体最后。

例如

```
def max(x,y):
  if x> y :
     return x
  else:
     return y
```

说明： 这里定义了一个求两个数最大值的函数 max，x 和 y 为形参。

2. return 语句

return 语句的格式为：

```
return [表达式]
```

return [表达式] 用于向调用方返回值。不带参数值的 return 语句返回 None。

实例 (Python 3.0+)

3. 函数调用

函数定义好后，就可以在程序的其他地方调用它。调用形式为：

```
函数名(参数列表)
```

说明：

(1) 一般将调用时传入的参数称为实际参数（简称“实参”），实参可以是变量、常数或表达式等。

(2) 函数声明时的形参数量和调用函数时传入的实参数量要一致，声明的形参顺序和传入的实参顺序也要一致。在 Python 中，任何类型的数据都是对象，变量是没有类型的。仅仅是一个对象的引用（一个指针），可以是指向任何类型的对象。当形参与实参次序不一致时，尽管不会发生语法错误，但会出现逻辑错误，即得不到预期的结果。

(3) 实参变量名称可以和形参变量名称相同，但含义不一样，是不同的变量。

【实例 3.1】

```
# 程序名称:PBT3101.py
# 功能:函数定义与使用
# ! /usr/bin/python
# -*- coding: UTF-8 -*-
def max(x,y):
if x> y :
    return x
else:
    return y
```

```
print(max(3,2))
```

说明： 这里定义了一个求两个数最大值的函数 max，然后调用 max 来求 3 和 2 之间的最大数并输出。

图 3.1 给出了函数定义和函数调用涉及的相关概念。

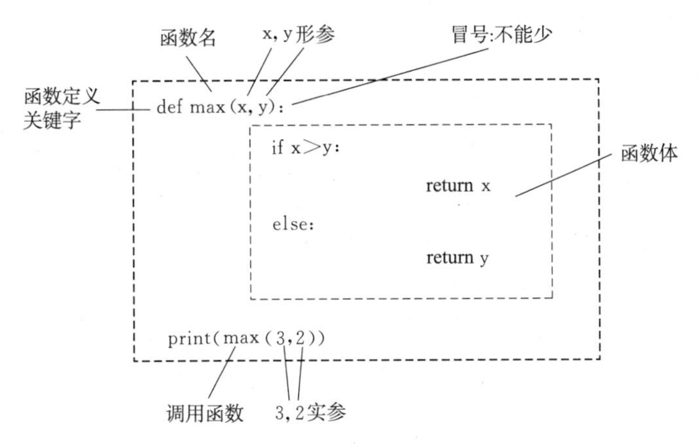

图 3.1 函数定义和函数调用涉及的相关概念

3.1.2 函数参数说明

1. 不可改变类型参数和可改变类型参数

Python 语言的数据类型分为不可改变类型和可改变类型。因此，当变量作为实参时，其类型可能是不可改变类型或可改变类型。

不可改变类型变量作为实参时，当被调函数执行结束后，形参的值可能发生变化，但是返回后，这些形参的值将不会带到对应的实参。因此，这种传递方式具有数据的单向传递的特点。

而可改变类型变量作为实参时，当被调函数执行结束后，形参值的变化将带到对应的实参。因此，这种传递方式具有数据的双向传递的特点。

【实例 3.2】

```
# 程序名称:PBT3102.py
# 功能:参数传递的特点
# ! /usr/bin/python
# -* - coding: UTF-8 -* -
def print1(str1,x):
print(str1+ "= ",end= "")
print(x)
return 1;


def square(x,str1,list1):
x= x* x
```

```
    str1= "abc"
    list1[0]= list1[0]+ 1
    return x;

def main():
    x= 3
    str1= "123"
    list1= [1,2,3]
    print("调用前..........")
    print1("x",x)
    print1("str1",str1)
    print1("list1",list1)

    y= square(x,str1,list1)
    print("调用后..........")
    print1("y",y)
    print1("x",x)
    print1("str1",str1)
    print1("list1",list1)

main()
```

运行后输出结果为：

```
调用前..........
x= 3
str1= 123
list1= [1, 2, 3]
调用后..........
y= 9
x= 3
str1= 123
list1= [2, 2, 3]
```

说明：

(1) 这里定义了 2 个函数 print1()和 square()。print1()实现特定格式输出，square()函数对形参内容进行修改。

(2) 输出表明 square()函数中对不可变类型变量（整型变量 x 和字符串型变量 str1）的修改不会反馈到对应的实参，而对可变类型变量（列表变量 list1）的修改会反馈到对应的实参。

2. 位置参数

调用函数时根据函数声明时的参数位置来传递参数。函数声明时的形参数量和调用函数时传入的实参数量一致，顺序要一致。

举例说明如下。

```
# 测试位置参数
def  testPositionParms(stdno,name1):
         print1("stdno",stdno)
         print1("name",name1)
         return

print("测试位置参数的应用........................")
x= testPositionParms("201701","李四")
x= testPositionParms("201702","吴一")
```

3. 默认参数

定义函数时，参数列表可以包含默认参数。默认参数的声明语法就是在形参名称后面用运算符“=”给形参赋值。在参数列表中默认参数需要放置在非默认参数后面。默认参数不支持字典、列表等内容可变对象。默认参数可以省略，省略时采用默认值。

给函数设置默认参数时要遵循该参数具有共性和不变属性的规则，在特殊情况下可以用传入的实参代替默认值。例如同一年级学生的入学年份基本相同，但对留级生而言需要输入不同值。

举例说明如下。

```
# 测试默认参数
def  testDefaultParms(stdno,name1,grade= "2017"):
         print1("stdno",stdno)
         print1("name",name1)
         print1("grade",grade)
         return

print("测试默认参数的应用........................")
x= testDefaultParms("201701","李四")
x= testDefaultParms("201702","吴一")
x= testDefaultParms("201605","席二")
```

4. 关键字参数

关键字参数是在函数调用时，通过“键=值”形式加以指定。可以让函数更加清晰、容易使用，同时也清除了参数的顺序需求。

有位置参数时，位置参数必须在关键字参数的前面，但关键字参数之间不存在先后顺序。

关键字参数需要一个特殊分隔符 *， * 后面的参数被视为关键字参数。如果函数定义中已经有了一个可变参数，后面跟着的命名关键字参数就不再需要一个特殊分隔符 * 了。

举例说明如下。

```
# 测试关键字参数
def  testKeyWordParms(stdno,name1,grade= "2017",* ,city,zipcode):
         # print1("score",score)
         print1("stdno",stdno)
         print1("name",name1)
         print1("grade",grade)
         print1("city",city)
         print1("zipcode",zipcode)
         return

print("测试关键字参数的应用........................")
x= testKeyWordParms("李四","201701","2017",city= "北京",zipcode= "100100")
x= testKeyWordParms ("吴一","201702","2017",zipcode= "432100",city= "孝感")
```

5. 可变参数

定义函数时，参数列表可以包含可变参数。可变参数允许调用函数时传入的参数是可变的，可以是 1 个实参、2 个实参或者多个实参，也可以是 0 个实参。此时，可用包裹(packing) 位置参数（简称 * args 参数），或者包裹关键字参数（简称 ** kwargs 参数），来进行参数传递，会显得非常方便。

(1) 包裹位置参数（元组可变参数）。调用函数时传入的相关参数会被 args 变量收集，根据传入参数的位置合并为一个元组（tuple），args 是元组类型。

举例说明如下。

```
# 测试关键字参数:包裹位置传递
def  testVarParms1(* hobby):
        print1("hobby",hobby)
        returnprint("测试可变参数的应用.............")

x= testVarParms1("足球")
x= testVarParms1("篮球","音乐")
x= testVarParms1("篮球","音乐","看书")
```

(2) 包裹关键字传递（字典可变参数）。调用函数时传入的相关字典数据会被 kwargs 变量收集，根据传入参数的位置合并为一个字典（dict），kwargs 是字典类型。

举例说明如下。

```
# 测试关键字参数:包裹关键字传递
def  testVarParms2(* * birthplace):
        print1("birthplace",birthplace)
        return

x= testVarParms2(province= "湖北",city= "孝感",zipcode= "432100")
x= testVarParms2(province= "上海",city= "闵行",zipcode= "210000")
```

birthplace 是一个字典（dict），收集所有关键字参数。

注意：当形参为字典可变参数时，函数调用时传入的参数必须是字典数据。

6. 解包裹参数

* args 和 ** kwargs 形式也可以在函数调用的时候使用，称为解包裹（unpacking）。

（1）在传递元组时，让元组的每一个元素对应一个位置参数。

举例说明如下。

```
# 测试关键字参数:包裹位置传递
def  testUnpackingParms1(basketball,music,reading):
        print1("basketball",basketball)
        print1("music",music)
        print1("reading",reading)
        return

print("测试解包裹参数的应用.............")
hobby1= ("篮球","音乐","看书")
x= testUnpackingParms1(* hobby1)
```

（2）在传递词典字典时，让词典的每个键值对作为一个关键字参数传递给函数。

举例说明如下。

```
# 测试关键字参数:包裹关键字传递
def  testUnpackingParms2(province,city,zipcode):
        print1("province",province)
        print1("city",city)
        print1("zipcode",zipcode)
        return

birthplace1= {"province":"湖北","city":"孝感","zipcode":"432100"}
x= testUnpackingParms2(* * birthplace1)
birthplace2= {"province":"上海","city":"闵行","zipcode":"210000"}
x= testUnpackingParms2(* * birthplace2)
```

7. 参数次序

参数排序的基本原则是：位置参数、默认参数、包裹位置、包裹关键字（定义和调用都应遵循此顺序）。

（1）位置参数与默认参数混用时，位置参数在前，默认参数在后。

（2）位置参数与关键字参数混用时，位置参数在前，关键字参数在后。

（3）位置参数、默认参数和关键字参数混用时，位置参数在前，默认参数在中，关键字参数在后，并用 * 与其他参数分开。

（4）位置参数、默认参数、关键字参数与可变参数混用时，从左到右次序为：位置参数、默认参数、关键字参数、可变参数。在这种多参数混用下，调用函数时默认参数的值最好不要省略，同时尽量避免这种混用，使用不当会出现传递数据不当的问题。

【实例 3.3】

```
# 程序名称:PBT3104.py
# 功能:多种类型参数之二
# ! /usr/bin/python
#  -* - coding: UTF - 8 -* -
def print1(str1,x):
    print(str1+ "= ",end= "")
    print(x)
    return

# 测试位置参数
def  testPositionParms(stdno,name1):
        print1("stdno",stdno)
        print1("name",name1)
        return

# 测试默认参数
def  testDefaultParms(stdno,name1,grade= "2017"):
        print1("stdno",stdno)
        print1("name",name1)
        print1("grade",grade)
        return

# 测试关键字参数
def  testKeyWordParms(stdno,name1,grade= "2017",* ,city,zipcode):
        # print1("score",score)
        print1("stdno",stdno)
        print1("name",name1)
        print1("grade",grade)
        print1("city",city)
        print1("zipcode",zipcode)
        return
# 测试关键字参数:包裹位置传递
def  testVarParms1(* hobby):
        print1("hobby",hobby)
        return

# 测试关键字参数:包裹关键字传递
def  testVarParms2(* * birthplace):
        print1("birthplace",birthplace)
        return
```

```
# 测试关键字参数:包裹位置传递
def  testUnpackingParms1(basketball,music,reading):
         print1("basketball",basketball)
         print1("music",music)
         print1("reading",reading)
         return

# 测试关键字参数:包裹关键字传递
def  testUnpackingParms2(province,city,zipcode):
         print1("province",province)
         print1("city",city)
         print1("zipcode",zipcode)
         return

# 测试* args 参数与位置参数和默认参数混合应用
def  testMixedParms1(stdno,name1,grade= "2017",* hobby):
         # print1("score",score)
         print1("stdno",stdno)
         print1("name",name1)
         print1("grade",grade)
         print1("hobby",hobby)
         return

# 测试* * kwargs 与位置参数和默认参数混合应用
def  testMixedParms2(stdno,name1,grade= "2017",* * birthplace):
         # print1("score",score)
         print1("stdno",stdno)
         print1("name",name1)
         print1("grade",grade)
         print1("birthplace",birthplace)
         return

# 测试参数复合应用
def  testMixedParms3(stdno,name1,grade= "2017",* hobby,* * birthplace):
         # print1("score",score)
         print1("stdno",stdno)
         print1("name",name1)
         print1("grade",grade)
         print1("hobby",hobby)
         print1("birthplace",birthplace)
         return
```

```
    def main():
        print("测试位置参数的应用........................")
        x= testPositionParms("201701","李四")
        x= testPositionParms("201702","吴一")

        print("测试默认参数的应用........................")
        x= testDefaultParms("201701","李四")
        x= testDefaultParms("201702","吴一")
        x= testDefaultParms("201605","西岐")

        print("测试关键字参数的应用........................")
        x= testKeyWordParms("201701","李四",city= "北京",zipcode= "100100")
        x= testKeyWordParms ("201702","吴一","2016",zipcode= "432100",city= "孝感")

        print("测试可变参数的应用.............")
        x= testVarParms1("足球")
        x= testVarParms1("篮球","音乐")
        x= testVarParms1("篮球","音乐","看书")
        x= testVarParms2(province= "湖北",city= "孝感",zipcode= "432100")
        x= testVarParms2(province= "上海",city= "闵行",zipcode= "210000")

        print("测试解包裹参数的应用.............")
        hobby1= ("篮球","音乐","看书")
        x= testUnpackingParms1(* hobby1)
        birthplace1= {"province":"湖北","city":"孝感","zipcode":"432100"}
        x= testUnpackingParms2(* * birthplace1)
        birthplace2= {"province":"上海","city":"闵行","zipcode":"210000"}
        x= testUnpackingParms2(* * birthplace2)

        print("测试* args参数与位置参数和默认参数混合应用")
        x= testMixedParms1("201702","吴一","2017","篮球","音乐")
        x= testMixedParms1("201605","西岐","2016","政治","娱乐")

        print("测试* * kwargs与位置参数和默认参数混合应用")
        x= testMixedParms2("201702","吴一",province= "北京",city= "大兴",zipcode=
"102600")
        x= testMixedParms2("201605","西岐","2016",province= "北京",city= "西城",
zipcode= "100084")

        print("测试参数复合应用.............")
        x= testMixedParms3 ("201701","李四","2017","足球",province= "北京",city=
"大兴",zipcode= "102600")
```

```
    x= testMixedParms3("201702","吴一","2017","篮球","音乐",province= "湖北",
city= "孝感",zipcode= "432100")
    x= testMixedParms3 ("201703","王五","2017","篮球","音乐","看书",province=
"上海",city= "闵行",zipcode= "210000")

main()
```

运行后输出结果为：

```
测试位置参数的应用........................
stdno= 201701
name= 李四
stdno= 201702
name= 吴一
测试默认参数的应用........................
stdno= 201701
name= 李四
grade= 2017
stdno= 201702
name= 吴一
grade= 2017
stdno= 201605
name= 西岐
grade= 2017
测试关键字参数的应用........................
stdno= 201701
name= 李四
grade= 2017
city= 北京
zipcode= 100100
stdno= 201702
name= 吴一
grade= 2016
city= 孝感
zipcode= 432100
测试可变参数的应用.............
hobby= ('足球',)
hobby= ('篮球', '音乐')
hobby= ('篮球', '音乐', '看书')
birthplace= {'province': '湖北', 'city': '孝感', 'zipcode': '432100'}
birthplace= {'province': '上海', 'city': '闵行', 'zipcode': '210000'}
测试解包裹参数的应用.............
basketball= 篮球
```

```
music= 音乐
reading= 看书
province= 湖北
city= 孝感
zipcode= 432100
province= 上海
city= 闵行
zipcode= 210000
测试* args 参数与位置参数和默认参数混合应用
stdno= 201702
name= 吴一
grade= 2017
hobby= ('篮球', '音乐')
stdno= 201605
name= 西岐
grade= 2016
hobby= ('政治', '娱乐')
测试* * kwargs 与位置参数和默认参数混合应用
stdno= 201702
name= 吴一
grade= 2017
birthplace= {'province': '北京', 'city': '大兴', 'zipcode': '102600'}
stdno= 201605
name= 西岐
grade= 2016
birthplace= {'province': '北京', 'city': '西城', 'zipcode': '100084'}
测试参数复合应用.............
stdno= 201701
name= 李四
grade= 2017
hobby= ('足球',)
birthplace= {'province': '北京', 'city': '大兴', 'zipcode': '102600'}
stdno= 201702
name= 吴一
grade= 2017
hobby= ('篮球', '音乐')
birthplace= {'province': '湖北', 'city': '孝感', 'zipcode': '432100'}
stdno= 201703
name= 王五
grade= 2017
hobby= ('篮球', '音乐', '看书')
birthplace= {'province': '上海', 'city': '闵行', 'zipcode': '210000'}
```

3.1.3 变量作用域

1. Python 作用域概述

变量作用域是变量发生作用的范围。就作用域而言，Python 与 C、Java 等语言有着很大的区别。Python 中只有模块（module）、类（class）以及函数（def、lambda）才会有作用域的概念，其他的代码块（如 if/elif/else/、try/except、for/while 等）语句内定义的变量，外部也可以访问。

2. 作用域的 4 种类型

Python 中作用域可分为 4 种类型：

(1) L（local）局部作用域：对定义在函数中定义的变量，每当函数被调用时都会创建一个新的局部作用域。在函数内部的变量声明，除非特别声明为全局变量，否则均默认为局部变量。函数内部使用 global 关键字来声明变量的作用域为全局。

注意： 如果需要在函数内部对全局变量赋值，需要在函数内部通过 global 语句声明该变量为全局变量。

(2) E（enclosing）嵌套作用域：E 是定义一个函数的上一层父级函数的局部作用域，主要是为了实现 Python 的闭包。

(3) G（global）全局作用域：即在模块层次中定义的变量，每一个模块都是一个全局作用域。也就是说，在模块文件顶层声明的变量具有全局作用域，从外部看来，模块的全局变量就是一个模块对象的属性。

注意： 全局作用域的作用范围仅限于单个模块文件内。

(4) B（built-in）内置作用域：系统内固定模块里定义的变量，如预定义在 builtin 模块内的变量。

3. 变量名解析 LEGB 法则

搜索变量名的优先级为：局部作用域>嵌套作用域>全局作用域>内置作用域。

LEGB 法则为：当在函数中使用未确定的变量名时，Python 会按照优先级依次搜索 4 个作用域，以此来确定该变量名的意义。首先搜索局部作用域（L），之后是上一层嵌套结构中 def 或 lambda 函数的嵌套作用域（E），之后是全局作用域（G），最后是内置作用域（B）。按这个查找原则，在第一处找到的地方停止；如果没有找到，则会出发 NameError 错误。

4. 不同作用域变量的修改

一个 non-L 的变量相对于 L 而言，默认是只读而不能修改的。如果希望在 L 中修改定义在 non-L 的变量，为其绑定一个新的值，Python 会认为是在当前的 L 中引入一个新的变量（即便内外两个变量重名，但却有着不同的意义）。即在当前的 L 中，如果直接使用 non-L 中的变量，那么这个变量是只读的，不能被修改，否则会在 L 中引入一个同名的新变量。这是对上述几个例子的另一种方式的理解。

注意： 在 L 中对新变量的修改不会影响到 non-L。当希望在 L 中修改 non-L 中的变量时，可以使用 global、nonlocal 关键字。

5. 局部变量和全局变量

定义在函数内部的变量拥有一个局部作用域，定义在函数外部的变量拥有一个全局作用域。

局部变量只能在其被声明的函数内部访问，而全局变量可以在整个程序范围内访问。调用函数时，所有在函数内声明的变量名称都将被加入到作用域中。

注意：如果需要在函数内部对全局变量赋值，需要在函数内部通过 global 语句声明该变量为全局变量。

3.1.4　三个典型函数

1. lambda 表达式

lambda 表达式（lambda expression）是一个匿名函数，lambda 表达式基于数学中的 λ 演算得名，直接对应于其中的 lambda 抽象（lambda abstraction）。

Python 允许用 lambda 关键字创造匿名函数。其语法如下：

```
lambda [arg1[, arg2, ... argN]]: expression
```

参数是可选的，如果使用参数的话，参数通常也是表达式的一部分。

lambda 可以定义一个匿名函数，而 def 定义的函数必须有一个名字。这应该是 lambda 与 def 两者最大的区别。

lambda 是一个表达式，而不是一个语句，因此，lambda 能够出现在 Python 语法不允许 def 出现的地方，例如，在一个列表常量中或者函数调用的参数中。

lambda 表达式只可以包含一个表达式，该表达式的计算结果可以看作是函数的返回值，不允许包含复合语句，但在表达式中可以调用其他函数。

【实例 3.4】

```
# 程序名称:PBT3105.py
# 功能:lambda 表达式
# ! /usr/bin/python
#  -* - coding: UTF - 8 -* -
def main():
    # lambda 表达式无名称的使用
    print('lambda 表达式无名称的使用')
    list1 = [1,2,3,4,5,6,7,8,9]
    print(list(map(lambda x: x* x, list1)))

    # lambda 表达式有名称的使用
    print('lambda 表达式有名称的使用')
    fun1= lambda x, y: x* x+ y* y              # 命名 lambda 表达式为 fun1
    print(fun1(1,2))                           # 像函数一样调用

    # lambda 表达式作为列表的元素
    print('lambda 表达式作为列表的元素')
    list2 = [(lambda x: x* x),\
             (lambda x,y: x* y),\
             (lambda x,y,z: x* y* z)]
    print(list2[0](2),list2[1](2,3),list2[2](2,3,4))
```

```
    # lambda 表达式中调用函数
    print('lambda 表达式中调用函数')
    list3= [25,18,15,18,13,10,26,26,10,12]
    list4= list(map(lambda x: (x-min(list3))/(max(list3)-min(list3)), list3))
    print("list4= ",list4)

main()
```

运行后输出结果为：

```
lambda 表达式无名称的使用
[1, 4, 9, 16, 25, 36, 49, 64, 81]
lambda 表达式有名称的使用
5
lambda 表达式作为列表的元素
4 6 24
lambda 表达式中调用函数
list4= [0.9375, 0.5, 0.3125, 0.5, 0.1875, 0.0, 1.0, 1.0, 0.0, 0.125]
```

2. map()函数

map()函数是 Python 内置的高阶函数，其使用格式为：

```
map(function,Itera)
```

其中，第一个参数为某个函数，第二个为可迭代对象。其作用是接收一个函数 function 和一个可迭代对象 Itera，并通过把函数 function 依次作用在 Itera 的每个元素上，得到一个新的可迭代的 map 对象并返回。

【实例 3.5】

```
# 程序名称:PBT3106.py
# 功能:map()函数
# ! /usr/bin/python
# -*- coding: UTF-8 -*-
def main():
    # 与 lambda 表达式配套使用
    print('与 lambda 表达式配套使用')
    list1 = [1,2,3,4,5,6,7,8,9]
    list2= list(map(lambda x: x* x, list1))
    print("list2= ",list2)

    # 与自定义函数配套使用
    print('与自定义函数配套使用')
    def  squareSum(x,y):
        return x* x+ y* y
```

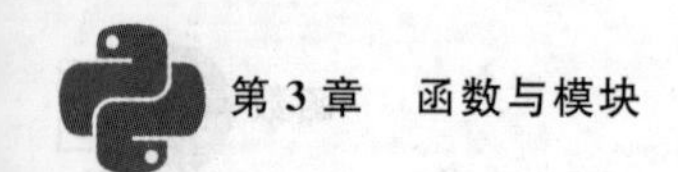


```
        list3= [16,10,25,28,25,14,28,20,15,17]
        list4= [24,28,15,26,20,24,23,16,29,25]
        list5= list(map(squareSum, list3,list4))
        print("list5= ",list5)

main()
```

运行后输出结果为：

```
与 lambda 表达式配套使用
list2= [1, 4, 9, 16, 25, 36, 49, 64, 81]
与自定义函数配套使用
list5= [832, 884, 850, 1460, 1025, 772, 1313, 656, 1066, 914]
```

3. reduce()函数

标准库 functools 中的函数 reduce()可以将一个接收 2 个参数的函数以迭代累积的方式从左到右依次作用到一个序列或迭代器对象的所有元素上，并且允许指定一个初始值。其使用格式如下：

```
reduce(function, iterable[, initializer])
```

其中，参数 function 必须有两个参数，initializer 是可选的。

它通过取出序列的头两个元素，将它们传入二元函数来获得一个单一的值来实现。然后又用这个值和序列的下一个元素来获得又一个值，然后继续直到整个序列的内容都遍历完毕以及最后的值会被计算出来为止。工作原理如图 3.2 所示。

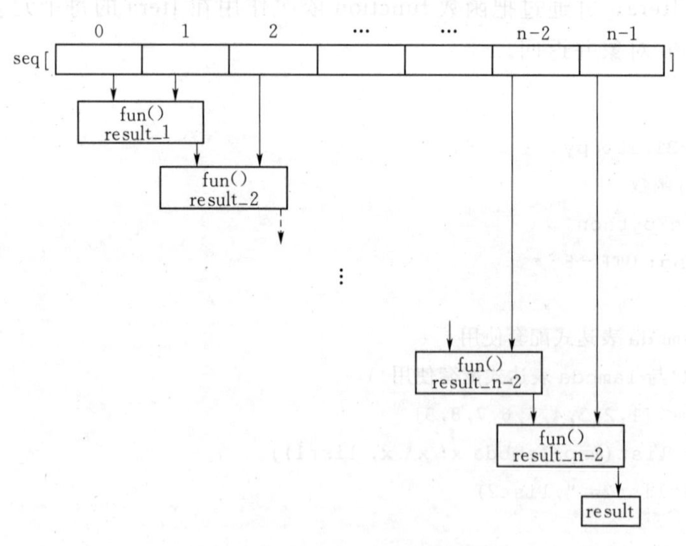

图 3.2　reduce()函数工作原理

举例说明如下。

【实例 3.6】

```
# 程序名称:PBT3107.py
```

```
# 功能:reduce()函数
# ! /usr/bin/python
#  -* - coding: UTF - 8 -* -

from functools import reduce


# 计算阶乘 n! = 1* 2* …* n
def mult(x,y):
    return x* y

# 计算 f(n)= nf(n- 1)+ n* * 3 ,f(0)= 1
def fun1(fv,n):
    return n* fv+ n* * 3

def main():
    print("计算阶乘 n! = 1* 2* …* n")
    result= reduce(mult,[1,2,3,4,5,6,7,8,9])
    print("result= ",result)

    print("计算 f(n)= nf(n- 1)+ n* * 3")
    result= reduce(fun1,[1,2,3,4,5],1)
    print("result= ",result)

main()
```

运行后输出结果为：

```
计算阶乘 n! = 1* 2* …* n
result=  362880
计算 f(n)= nf(n- 1)+ n* * 3
result=  1705
```

它返回的结果相当于 1＊2＊3＊4＊5＊6＊7＊8＊9＝362880。

mult()函数的计算执行过程如图 3.3 所示。

funl()函数的计算执行过程如图 3.4 所示。

注意： 在 Python3 中 reduce 不再是内置函数，而是集成到了 functools 中，需要导入。

```
from functools import reduce
```

3.1.5 函数递归

1. 递归的含义

所谓递归是指一个方法直接或间接调用自身的行为。递归分为直接递归和间接递归，直接递归是指函数在执行中调用了自身；间接递归是指函数在执行中调用了其他函数，而其他函数在执行中又调用了该函数，如图 3.5 所示。

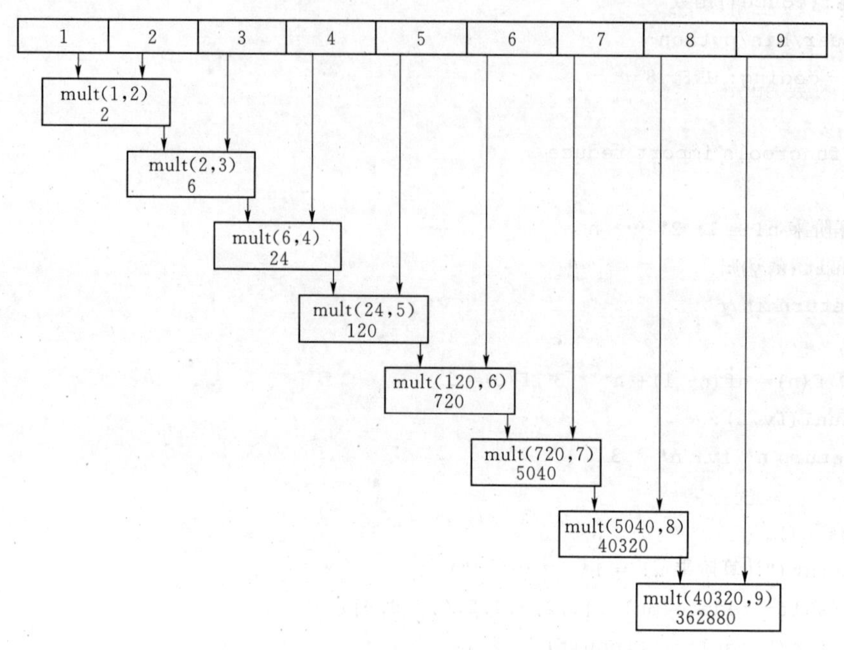

图 3.3　mult()函数计算过程示意图

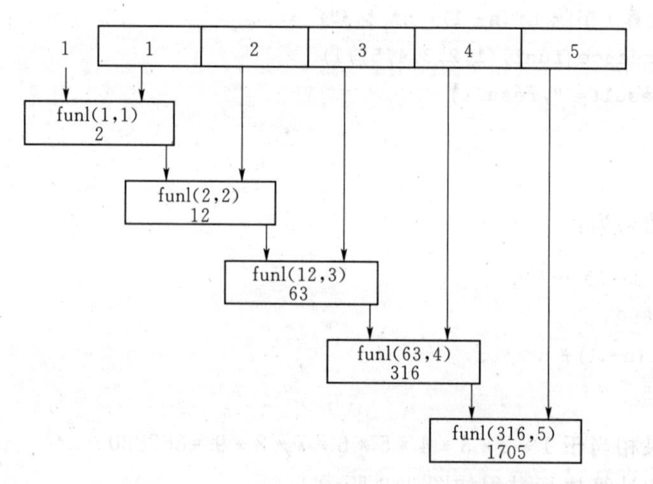

图 3.4　funl()函数计算过程示意图

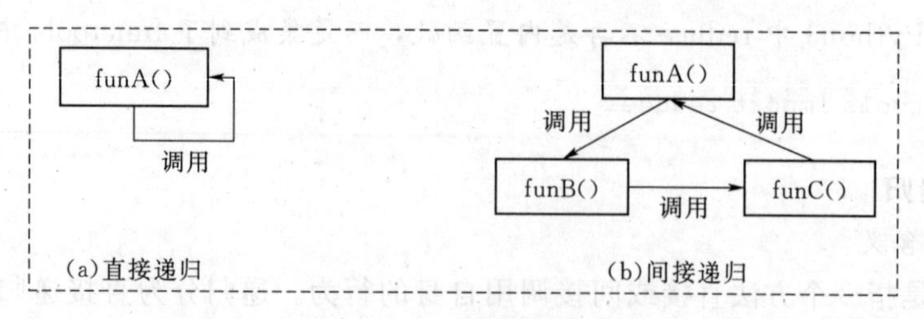

图 3.5　递归调用示意图

2. 递归的应用举例

【实例 3.7】

利用函数 sum()采用递归实现计算 1+2+3+…+n，函数 mult()实现计算 1×2×3×…×n=n!，函数 fibonacci()计算费布拉切数列（1，1，2，3，5，8，13，21，…）的程序如下所示。

```
# 程序名称:PBT3108.py
# 功能:函数递归
# ! /usr/bin/python
#  -* - coding: UTF - 8 -* -
 # sum(n)= 1+ 2+ ...+ n
def sum(n):
 if n= = 1:
        return 1
 else:
        return sum(n- 1)+ n

# mult(n)= 1* 2* ...* n
def mult(n):
 if n= = 1 or n= = 0:
        return 1
 else:
        return mult(n- 1)* n

# fibonacci 数:1,1,2,3,5,8...
def fibonacci(n):
 if n< = 2: return 1
 else: return fibonacci(n- 1)+ fibonacci(n- 2)

def main():
 n= int(input("输入 n:"))
 print("sum(",n,")= ",sum(n))
 print("mult(",n,")= ",mult(n))
 print("fibonacci(",n,")= ",fibonacci(n))

main()
```

运行后输出结果为：

```
输入 n:5
sum( 5 )=  15
mult( 5 )=  120
fibonacci( 5 )=  5
```

说明： 图 3.6 给出了调用 sum(5) 的执行过程。

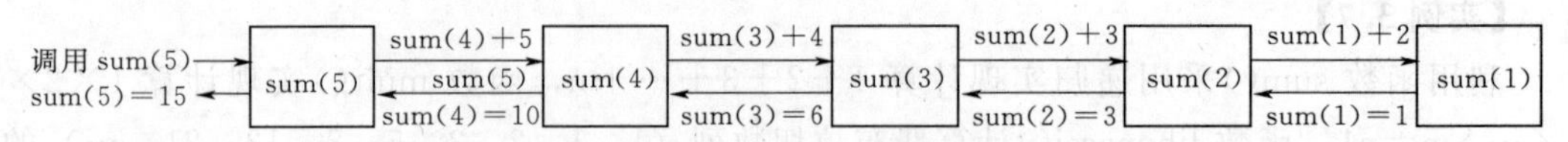

图 3.6　调用 sum(5) 的执行过程示意图

从图 3.6 可知，函数 sum()共调用了 5 次，其中 sum(5)由在函数 sum()外调用，其余 4 次是在 sum()中调用，即递归调用 4 次。

3.1.6　常用函数

使用内置函数 dir()可以查看所有内置函数和内置对象：

```
>>> dir(__builtins__)
```

使用 help(函数名)可以查看某个函数的用法。常用内置函数见表 3.1。

表 3.1　　**常用内置函数**

abs()	delattr()	hash()	memoryview()	set()	all()
dict()	help()	min()	setattr()	any()	dir()
hex()	next()	slice()	ascii()	divmod()	id()
object()	sorted()	bin()	enumerate()	input()	oct()
staticmethod()	bool()	eval()	int()	open()	str()
breakpoint()	exec()	isinstance()	ord()	sum()	bytearray()
filter()	issubclass()	pow()	super()	bytes()	float()
iter()	print()	tuple()	callable()	format()	len()
property()	type()	chr()	frozenset()	list()	range()
vars()	classmethod()	getattr()	locals()	repr()	zip()
compile()	globals()	map()	reversed()	__import__()	complex()
hasattr()	max()	round()			

下面简单介绍部分常用函数。

1. 进制转换函数

bin(n)：将十进制数 n 转换为二进制数。

oct(n)：将十进制数 n 转换为八进制数。

hex(n)：将十进制数 n 转换为十六进制数。

chr(n)：将十进制数 n 转换为 ASCII 中相应的字符。

ord(s)：将 ASCII 中相应的字符转换为十进制数。

int(s,base)：将字符串 s 表示的 base(=2,8,16)进制数组合转化为十进制。

2. 数学函数

(1) math 模块。

abs(x)：返回数字的绝对值，如 abs(−10)返回 10。

ceil(x)：返回数字的上入整数，如 math.ceil(4.1)返回 5。

cmp(x,y)：如果 x<y 返回－1；如果 x==y 返回 0；如果 x>y 返回 1。Python 3 已废弃这种表式方式，使用(x>y)－(x<y)替换。

exp(x)：返回 e 的 x 次幂(ex)，如 math.exp(1)返回 2.718281828459045。

fabs(x)：返回数字的绝对值，如 math.fabs(－10)返回 10.0。

floor(x)：返回数字的下舍整数，如 math.floor(4.9)返回 4。

log(x)：如 math.log(math.e)返回 1.0，math.log(100,10)返回 2.0。

log10(x)：返回以 10 为基数的 x 的对数，如 math.log10(100)返回 2.0。

max(x1,x2,…)：返回给定参数的最大值，参数可以为序列。

min(x1,x2,…)：返回给定参数的最小值，参数可以为序列。

modf(x)：返回 x 的整数部分与小数部分，两部分的数值符号与 x 相同，整数部分以浮点型表示。

pow(x,y)：x ** y 运算后的值。

round(x [,n])：返回浮点数 x 的四舍五入值，如给出 n 值，则代表舍入到小数点后的位数。

acos(x)：返回 x 的反余弦弧度值。

asin(x)：返回 x 的反正弦弧度值。

atan(x)：返回 x 的反正切弧度值。

atan2(y,x)：返回给定的 X 及 Y 坐标值的反正切值。

cos(x)：返回 x 的弧度的余弦值。

hypot(x,y)：返回欧几里得范数 sqrt(x * x + y * y)。

sin(x)：返回 x 的弧度的正弦值。

tan(x)：返回 x 的弧度的正切值。

degrees(x)：将弧度转换为角度，如 degrees(math.pi/2)，返回 90.0。

radians(x)：将角度转换为弧度。

(2) 常量。

pi：数学常量 pi（圆周率，一般以 π 来表示）

e：数学常量 e，e 即自然常数。

举例说明如下。

【实例 3.8】

三角形面积的一种计算公式为

$$\text{area}=\frac{1}{2}ab\sin(\theta)$$

其中，a 和 b 为三角形的两条边，θ 为 a 和 b 的夹角。

```
# 程序名称:PBT3109.py
# 功能:内置函数应用
# ! /usr/bin/python
#  -* - coding: UTF - 8 -* -
import math
```

```
def main():
  a= float(input("输入三角形边 a:"))
  b= float(input("输入三角形边 b:"))
  angle= float(input("输入三角形边 a 和 b 的夹角:"))
  print("三角形面积= % 8.2f"% (a* b* math.sin(angle* math.pi/180)/2))

main()
```

一次运行后输出结果为：

```
输入三角形边 a:2
输入三角形边 b:3
输入三角形边 a 和 b 的夹角:30
三角形面积= 1.50
```

【实例 3.9】

不同进制数之间的转换。

```
# 程序名称   # PBT3110.py
# 功能   # 进制转换应用
# ! /usr/bin/python
# -* - coding: UTF - 8 -* -
import math
def main():
      print("十进制数转换为其他进制数......")
      n= 98
      print(n,"对应的二进制数= ",bin(n))       # 将十进制数 n 转换为二进制数
      print(n,"对应的八进制数= ",oct(n))       # 将十进制数 n 转换为八进制数
      print(n,"对应的十六进制数= ",hex(n))   # 将十进制数 n 转换为十六进制数

      print("其他进制数转换为十进制数......")
      # int(s,base)将字符串 s 表示的 basebase(= 2,8,16)进制数组合转化为十进制
      s= '111'
      print('二进制数',s,'对应的十进制数= ',int(s,2))
      s= '567'
      print('八进制数',s,'对应的十进制数= ',int(s,8))
      s= '123ABC'
      print('十六进制数',s,'对应的十进制数= ',int(s,16))

      s= str(11111)
      print('二进制数',s,'对应的十进制数= ',int(s,2))
      s= str(1356)
      print('八进制数',s,'对应的十进制数= ',int(s,8))
      s= str(123)
```

```
    print('十六进制数',s,'对应的十进制数= ',int(s,16))

    print("字符与十进制数之间转换......")
    n= 99
    print(n,"对应的 ASCII 中字符= ",chr(n))# 将十进制数 n 转换为 ASCII 中相应的字符
    s= 'W'
    print(s,"对应的十进制数= ",ord(s))      # 将 ASCII 中相应的字符转换为十进制数

main()
```

运行后输出结果为：

```
98 对应的二进制数= 0b1100010
98 对应的八进制数= 0o142
98 对应的十六进制数= 0x62
其他进制数转换为十进制数……
二进制数 111 对应的十进制数= 7
八进制数 567 对应的十进制数= 375
十六进制数 123ABC 对应的十进制数= 1194684
二进制数 11111 对应的十进制数= 31
八进制数 1356 对应的十进制数= 750
十六进制数 123 对应的十进制数= 291
字符与十进制数之间转换……
99 对应的 ASCII 中字符= c
W 对应的十进制数= 87
```

3.2 模　　块

3.2.1 Python 模块概述

1. 模块的含义

模块是一组 Python 代码的集合，主要定义了一些公有函数和变量，当然模块中可以包含任何符合 Python 语法规则的东西。使用者通过 import 命令引入模块，便可应用其中的函数和变量。在 Python 中，一个 .py 文件就是一个模块（Module）。

创建自己的模块时，要注意模块名要遵循 Python 标识符命名规范，模块名不要和系统模块名冲突。例如，sys 是系统内置模块，自定义模块名就不要命名为 sys.py。

2. 模块的分类

在 Python 中，模块分为以下 3 类：

（1）自定义模块：用户自己编写的实现包含一些函数变量的 .py 文件。

（2）内置模块：Python 自身提供的模块，例如经常用的 sys、os、random 等模块。

（3）开源模块：第三方提供的模块。

3. 模块的好处

模块的好处有如下几方面：

(1) 提高代码的可维护性和开发效率。编写程序时，用户可以自定义各种模块，也可以使用系统内置模块和第三方模块，同时自定义模块也可被其他模块使用。

(2) 使用模块还可以避免函数名和变量名冲突。相同名字的函数和变量完全可以分别存在不同的模块中。

4. 模块文件的管理

为了避免模块名冲突，Python 引入包（Package）来管理模块文件。包是一个有层次的文件目录结构，它定义了由若干个模块、子包组成的 Python 应用程序执行环境。换言之，包是一个包含_init_. py 文件的目录，该目录下一定得有这个_init_. py 文件和其他模块或子包。

常见的包结构如下：

```
package_ab
    ├─ _init_. py
    ├─ package_a
    │       ├─ _init_. py
    │       ├─ module_a1. py
    │       ├─ module_a2. py
    │       └─ ......
    ├─ package_b
    │       ├─ _init_. py
    │       ├─ module_b1. py
    │       ├─ module_b2. py
    │       └─ ......
    ├─ module_ab1. py
    └─ ......
```

因此只要将模块放在不同的包，就可避免模块名冲突。

注意：每一个包目录下面都会有一个_init_. py 的文件，这个文件是必须存在的；否则，Python 就把这个目录当成普通目录，而不是一个包。_init_. py 可以是空文件，也可以有 Python 代码，_init_. py 本身就是一个模块。

5. 模块的引用

模块的引用方式如下。

方式 1：import　module_name。

module_name 为模块名。

例如：

```
import sys                    # 引用系统内置模块 sys
import mymath                 # 引用自定义模块 mymath
import mypack.mymath          # 引用包 mypack 下的自定义模块 mymath
```

方式 2：from module_name import function_name。

```
from random import randint       # 引用系统内置模块 random 中的函数 randint
from mymath import sum           # 引用自定义模块 mymath 中的函数 sum
from mypack.mymath import sum    # 引用包 mypack 下的自定义模块 mymath 中的函数 sum
```

方式 3：应用多个模块，模块之间用逗号。

例如：

```
import sys,mouble
```

注意：在引入模块前要求配置好模块所在的目录。可以将该目录加入到 PATHPYTHON 环境变量，也可以通过下列方式配置。

```
import sys
sys.path.append(模块所在目录)
```

有关 PATHPYTHON 环境变量详见第 1 章。

3.2.2 自定义模块

自定义模块是将一系列常用功能放在一个 .py 文件中。自定义模块应用一般包括以下几个步骤：

（1）编辑并调试好模块文件，如 mymath.py。

（2）规划模块存放的目录，如将模块文件放在 d:\myLearn\Python\lib。

（3）配置模块文件目录，即将模块文件目录加入到 PATHPYTHON 环境变量或在某应用该模块的文件中引用该模块前加入如下语句：

```
import sys                    # 引用系统内置模块 sys
sys.append("d:\myLearn\Python\lib")
```

（4）引用模块。

```
import mymath                 # 引用自定义模块 mymath
```

举例说明如下。

【实例 3.10】

本实例先定义一个名称名 mymath.py 的模块，模块中包含 4 个自定义函数 max()、min()、sum()和 mult()。然后在另一个模块文件 PBT3201.py 中使用这些函数。

```
# 程序名称:mymath.py
# 功能:自定义函数模块


# 返回 x 和 y 的较大值
def max(x,y):
if x> y :
     return x
else:
     return y
```

```
# 返回 x 和 y 的较小值
def min(x,y):
if x< y :
    return x
else:
    return y

# 返回 1+ 2+ …+ n 的值
def sum(n):
sum0= 0
for i in range(1,n+ 1):
    sum0= sum0+ i
return sum0

# 返回 n! = 1* 2* …* n 的值
def mult(n):
mult0= 1
for i in range(1,n+ 1):
    mult0= mult0* i
return mult0
# 程序名称:PBT3201.py
# 功能:模块测试
# ! /usr/bin/python
# -* - coding: UTF - 8 -* -

# import sys
# sys.path.append('D:/myLearn/python/ch03')
import mymath                    # 引入自定义模块 mymath
import random                    # 引入内置模块 random

# 以下调用内置模块 random 中的 randint()函数
a= random.randint(1,100)
b= random.randint(1,100)
n= random.randint(1,10)

# 以下调用自定义模块 mymath 中的函数
print("max(",a,",",b,")= ",mymath.max(a,b))
print("min(",a,",",b,")= ",mymath.min(a,b))
print("sum(",n,")= ",mymath.sum(n))
print("mult(",n,")= ",mymath.mult(n))
```

运行 PBT3201. py 后输出结果为：

```
max( 74 , 48 )=  74
min( 74 , 48 )=  48
sum( 6 )=  21
mult( 6 )=  720
```

3.2.3 Python 常用模块

1. time &datetime 模块

#导入模块：

```
import  time,datetime
```

主要函数说明如下：

time. clock()：以浮点数计算秒数，返回程序运行的时间。

time. sleep(seconds)：程序休眠 seconds 再执行下面的语句。

time. time()：返回一个浮点型数据。

time. gmtime(时间戳)：把时间戳转成格林尼治时间，返回一个时间元组。

time. localtime(时间戳)：把时间戳转成本地时间，返回一个时间元组（如中国时区，加上 8 个小时）

time. mktime(时间元组)：把时间元组转成时间戳，返回一个浮点数。

time. asctime(时间元组)：将时间元组转成一个字符串。

time. ctime(时间戳)：将时间戳转成一个字符串。

time. strftime(format,时间元组)：将时间元组转成指定格式的字符串。

time. strptime(字符串,format)：将指定格式的字符串转成时间元组。

datetime. datetime. now()：获取系统当前时间。

datetime. datetime(参数列表)：获取指定时间。

datetime. strftime("%Y -%m -%d")：将时间转换为字符串。

2. random 模块

#导入模块：

```
import  random
```

主要函数说明如下：

random. choice(列表/元组/字符串)：在列表或者元组中随机挑选一个元素，若是字符串则随机挑选一个字符。

random. randrange([start, end), step)：返回一个从[start,end)并且步长为 step 的一个随机数。若 start 不写，默认为 0。多数情况下 step 不写，默认为 1，但是 end 一定要有。

random. random()：返回一个[0,1)的随机数，结果是一个浮点数。

num4 = random. random()

random. shuffle(列表)：将序列中所有的元素进行随机排序，直接操作序列“序列发生变化”，没有返回值。

random. uniform(m,n)：随机产生一个[m,n]的浮点数。

random. randint(m,n)：随机产生一个[m,n]的整数。

3. sys 模块

#导入模块：

```
import  sys
```

主要函数说明如下：

sys. argv：命令行参数 List，第一个元素是程序本身的路径。

sys. exit(n)：退出程序，正常退出是 exit(0)。

sys. version：获取 Python 解释程序的版本信息。

sys. path：返回模块的搜索路径，初始化时使用 PYTHONPATH 环境变量的值。

sys. platform：返回操作系统平台名称。

sys. modules. keys()：返回所有已经导入的模块列表。

sys. exc_info()：获取当前正在处理的异常类，exc_type、exc_value、exc_traceback 当前处理的异常详细信息。

sys. maxsize：最大的 Int 值。

sys. maxunicode：最大的 Unicode 值。

sys. modules：返回系统导入的模块字段，key 是模块名，value 是模块。

sys. stdout：标准输出。

sys. stdin：标准输入。

sys. stderr：错误输出。

举例说明如下。

【实例 3.11】

本实验利用随机函数生成一对相互独立的标准正态分布的随机变量，这对随机变量可以用于蒙特卡罗模拟风险分析。

产生标准正态分布的随机变量 $X \backsim N(0,1)$。

标准正态分布的密度函数为

$$f(x)=\frac{1}{\sqrt{2\pi}}e^{-\frac{x^2}{2}} \quad -\infty<x<+\infty$$

若 R_1，R_2是相互独立的（0，1）区间均匀分布的随机变量，则随机变量

$$\xi_1=(-2\ln R_1)^{\frac{1}{2}}\cos 2\pi R_2$$

$$\xi_2=(-2\ln R_1)^{\frac{1}{2}}\sin 2\pi R_2$$

为一对相互独立的标准正态分布的随机变量。

例如，估计最初投资费用 P 服从正态分布，均值 $\mu=1500$，标准差 $\sigma=150$。

$$P_1=1500+150*(-2\ln R_1)^{\frac{1}{2}}\cos 2\pi R_2$$

$$P_2=1500+150*(-2\ln R_1)^{\frac{1}{2}}\sin 2\pi R_2$$

则可使用 $(P_1+P_2)/2$ 来模拟 P。

```
# 程序名称:PBT3202.py
# 功能:内置模块应用
# ! /usr/bin/python
#  -* - coding: UTF-8 -* -
import math
import random
def main():
  r1= random.random( )
  r2= random.random( )
  e1= math.sqrt(- 2* math.log(r1))* math.cos(2* math.pi* r2)
  e2= math.sqrt(- 2* math.log(r1))* math.sin(2* math.pi* r2)
  print("第 1 个随机价格变量值= % 6.2f"% (1500+ 150* e1))
  print("第 2 个随机价格变量值= % 6.2f"% (1500+ 150* e2))
  print("价格 P 的模拟值= % 6.2f"% (1500+ 150* (e2+ e1)/2))

main()
```

一次运行的结果为:

```
第 1 个随机价格变量值= 1522.23
第 2 个随机价格变量值= 1307.63
价格 P 的模拟值= 1414.93
```

【实例 3.12】

这里展示 sys 模块的应用。

```
# 程序名称                                              # PBT3203.py
# 功能    sys 模块应用
# ! /usr/bin/python
#  -* - coding: UTF-8 -* -
import sys
print("命令行参数= ",sys.argv)                          # 命令行参数 List,第一个元素是程序本
                                                          身的路径
print("Python 版本= ",sys.version)                      # 获取 Python 解释程序的版本信息
print("模块的搜索路径= ",sys.path)                      # 返回模块的搜索路径,初始化时使用
                                                          PYTHONPATH 环境变量的值
print("操作系统= ",sys.platform)                        # 返回操作系统平台名称
#  print("已经导入的模块= ",sys.modules.keys())         # 返回所有已经导入的模块列表
print("当前正在处理的异常类= ",sys.exc_info())          # 获取当前正在处理的异常类,exc_type、
                                                          exc_value、exc_traceback 当前处
                                                          理的异常详细信息
print("最大的 Int 值= ",sys.maxsize)                    # 最大的 Int 值
print("最大的 Unicode 值= ",sys.maxunicode)             # 最大的 Unicode 值
print("",sys.modules)                                   # 返回系统导入的模块字段,key 是模块
```

```
                                                                    名,value 是模块
# sys.stdout                                                        # 标准输出
# sys.stdin                                                         # 标准输入
# sys.stderr                                                        # 错误输出
```

运行 python PBT3203.py　s1 s2 后输出结果为：

命令行参数= ['PBT3203.py', 's1', 's2']

Python 版本= 3.7.3 (v3.7.3:ef4ec6ed12, Mar 25 2019, 22:22:05) [MSC v.1916 64 bit (AMD64)]

模块的搜索路径= ['D:\\myLearn\\python\\PBT1\\ch03', 'D:\\mylearn\\Python', 'C:\\Python37\\python37.zip', 'C:\\Python37\\DLLs', 'C:\\Python37\\lib', 'C:\\Python37', 'C:\\Python37\\lib\\site-packages']

操作系统= win32

当前正在处理的异常类= (None, None, None)

最大的 Int 值= 9223372036854775807

最大的 Unicode 值= 1114111

系统导入的模块= {'sys': <module 'sys' (built-in)>, 'builtins': <module 'builtins' (built-in)>, '_frozen_importlib': <module 'importlib._bootstrap' (frozen)>, '_imp': <module '_imp' (built-in)>, '_thread': <module '_thread' (built-in)>, '_warnings': <module '_warnings' (built-in)>, '_weakref': <module '_weakref' (built-in)>, 'zipimport': <module 'zipimport' (built-in)>, '_frozen_importlib_external': <module 'importlib._bootstrap_external' (frozen)>, '_io': <module 'io' (built-in)>, 'marshal': <module 'marshal' (built-in)>, 'nt': <module 'nt' (built-in)>, 'winreg': <module 'winreg' (built-in)>, 'encodings': <module 'encodings' from 'C:\\Python37\\lib\\encodings__init__.py'>, 'codecs': <module 'codecs' from 'C:\\Python37\\lib\\codecs.py'>, '_codecs': <module '_codecs' (built-in)>, 'encodings.aliases': <module 'encodings.aliases' from 'C:\\Python37\\lib\\encodings\\aliases.py'>, 'encodings.utf_8': <module 'encodings.utf_8' from 'C:\\Python37\\lib\\encodings\\utf_8.py'>, '_signal': <module '_signal' (built-in)>, '__main__': <module '__main__' from 'PBT3203.py'>, 'encodings.latin_1': <module 'encodings.latin_1' from 'C:\\Python37\\lib\\encodings\\latin_1.py'>, 'io': <module 'io' from 'C:\\Python37\\lib\\io.py'>, 'abc': <module 'abc' from 'C:\\Python37\\lib\\abc.py'>, '_abc': <module '_abc' (built-in)>, 'site': <module 'site' from 'C:\\Python37\\lib\\site.py'>, 'os': <module 'os' from 'C:\\Python37\\lib\\os.py'>, 'stat': <module 'stat' from 'C:\\Python37\\lib\\stat.py'>, '_stat': <module '_stat' (built-in)>, 'ntpath': <module 'ntpath' from 'C:\\Python37\\lib\\ntpath.py'>, 'genericpath': <module 'genericpath' from 'C:\\Python37\\lib\\genericpath.py'>, 'os.path': <module 'ntpath' from 'C:\\Python37\\lib\\ntpath.py'>, '_collections_abc': <module '_collections_abc' from 'C:\\Python37\\lib_collections_abc.py'>, '_sitebuiltins': <module '_sitebuiltins' from 'C:\\Python37\\lib_sitebuiltins.py'>, '_bootlocale': <module '_bootlocale' from 'C:\\Python37\\lib_bootlocale.py'>, '_locale': <module '_locale' (built-in)>, 'encodings.gbk': <module 'encodings.gbk' from '

```
C:\\Python37\\lib\\encodings\\gbk.py'> , '_codecs_cn': < module '_codecs_cn' (built-in)> , '_multibytecodec': < module '_multibytecodec' (built-in)> , 'types': < module 'types' from 'C:\\Python37\\lib\\types.py'> , 'importlib': < module 'importlib' from 'C:\\Python37\\lib\\importlib\\__init__.py'> , 'importlib._bootstrap': < module 'importlib._bootstrap' (frozen)> , 'importlib._bootstrap_external': < module 'importlib._bootstrap_external' (frozen)> , 'warnings': < module 'warnings' from 'C:\\Python37\\lib\\warnings.py'> , 'importlib.util': < module 'importlib.util' from 'C:\\Python37\\lib\\importlib\\util.py'> , 'importlib.abc': < module 'importlib.abc' from 'C:\\Python37\\lib\\importlib\\abc.py'> , 'importlib.machinery': < module 'importlib.machinery' from 'C:\\Python37\\lib\\importlib\\machinery.py'> , 'contextlib': < module 'contextlib' from 'C:\\Python37\\lib\\contextlib.py'> , 'collections': < module 'collections' from 'C:\\Python37\\lib\\collections\\__init__.py'> , 'operator': < module 'operator' from 'C:\\Python37\\lib\\operator.py'> , '_operator': < module '_operator' (built-in)> , 'keyword': < module 'keyword' from 'C:\\Python37\\lib\\keyword.py'> , 'heapq': < module 'heapq' from 'C:\\Python37\\lib\\heapq.py'> , '_heapq': < module '_heapq' (built-in)> , 'itertools': < module 'itertools' (built-in)> , 'reprlib': < module 'reprlib' from 'C:\\Python37\\lib\\reprlib.py'> , '_collections': < module '_collections' (built-in)> , 'functools': < module 'functools' from 'C:\\Python37\\lib\\functools.py'> , '_functools': < module '_functools' (built-in)> , 'mpl_toolkits': < module 'mpl_toolkits' (namespace)> }
```

3.3 本章小结

本章主要介绍了函数定义与调用，函数参数传递的几种形式，lamdba 表达式、map()函数和 reduce()三种典型函数，函数递归，模块的含义，自定义模块及应用，和常用函数及内置模块及其应用。

3.4 思考和练习题

1. 定义一个函数，实现以下功能，并展示如何调用该函数。

$$f(n)=\frac{1}{1\times2}+\frac{1}{2\times3}+\cdots+\frac{1}{n\times(n+1)}$$

2. 自定义无名函数，并展示如何调用该函数。
3. 自定义一函数，并使用 map()函数将其作用于列表。
4. 利用 reduce()函数实现斐波拉契数列的计算。
5. 自定义一模块，并展示如何使用该模块。

Python

第4章

常用数据结构

Python语言中常用的数据结果包括字符串、列表、元组、集合、字典、栈和队列。这些数据结构在实际中有着广泛用途。应用中，既可以利用Python语言提供的大量函数或方法完成特定功能，也可以编写特定函数实现个性化需求。因此，掌握这些数据结构的特点及相应的函数或方法是非常必要的。

本章学习目标

- 掌握字符串的含义、操作、函数或方法及应用。
- 掌握列表的含义、操作、函数或方法及应用。
- 掌握元组的含义、操作、函数或方法及应用。
- 掌握集合的含义、操作、函数或方法及应用。
- 掌握字典的含义、操作、函数或方法及应用。
- 掌握栈和队列的含义、操作、函数或方法及应用。

4.1 字　符　串

4.1.1 字符串概述

字符串(String)是由数字、字母、下划线组成的一串字符有序序列。

一般记为：

$$s="a_1 a_2 \cdots a_n" \ (n \geqslant 0)$$

或

$$s='a_1 a_2 \cdots a_n' \ (n \geqslant 0)$$

n为字符串的长度，n=0时为空串，n=1时为单字符串。Python没有字符类型，可由单字符串替代。

1. 字符串运算

(1) 字符串连接：+运算。

格式为：

```
s3= s1+ s2
```

作用是将字符串 s1 和 s2 连接起来，生成一个新的字符串 s3。例如：

```
str1= "123"
str2= "abc"
str3= str1+ str2  # "123abc"
```

（2）重复输出字符串：* 运算。

格式为：

```
s2= s1* n
```

作用是将字符串 s1 复制 n 倍生成一个新的字符串 s2。例如：

```
str1= "abc"
str2= str1* 2  # # "abcabc"
print("str2= ",str2)
```

（3）成员运算符：in 运算。

格式为：

```
s2 in s1
```

作用是判断字符串 s2 是不是 s1 的子串，若是则返回 True。例如：

```
str1= "abcdef"
print("a 在字符串 str1 中否?", "a" in str1)     # True
print("cd 在字符串 str1 中否?", "cd" in str1)   # True
print("g 在字符串 str1 中否?", "g" in str1)     # False
```

2. 字符串索引与切片

（1）索引号规则。

在 Python 中，n 个元素构成的有序序列（如字符串、列表等）的索引号从左到右依次为 0,1,2,…,n－1，从右到左依次为－1,－2,…,－n，详见表 4.1。

表 4.1 索引号变化规律

从左向右索引	0	1	…	n－2	n－1
从右向左索引	－n	－n＋1	…	－2	－1
序列	e_1	e_2	…	e_{n-1}	e_n

表 4.1 中 e_i 表示序列中的第 i 个元素。显然，正索引号和负索引号具有以下关系：

正索引号＝负索引号＋len（序列）

len(序列)表示序列长度。

字符串 s＝"I - love - Python" 的索引号变化规律详见表 4.2。

表 4.2　　字符串 s 的索引号变化规律

从左向右索引	0	1	2	3	4	5	6	7	8	9	10	11	12
从右向左索引	−13	−12	−11	−10	−9	−8	−7	−6	−5	−4	−3	−2	−1
序列	I	—	l	o	v	e	—	P	y	t	h	o	n

有序序列的索引和切片的规则是相似的，以下以字符串为例说明索引和切片的使用。

(2) 索引。

所谓索引就是借助索引号获取序列中的某个元素。

正向索引：正向索引从 0 开始，向右依次递增。例如：

```
s[0]    # "I"
s[- 5]  # "v"
```

反向索引：反向索引从−1 开始，向左依次递减。例如：

```
s[- 1]  # "n"
s[- 5]  # "y"
```

(3) 切片。

所谓切片就是截取有序序列的部分或全部元素。序列切片的形式有 3 种：

形式 1：序列 [index]。

截取索引号为 index 的元素。例如：

```
s[- 3]  # "o"
s[5]    # "e"
```

形式 2：序列 [start：end]。

从左向右截取索引号 start 至索引号 end 之间的元素，但不包括 end，省略 start 时默认为从最左边开始截取，省略 end 时表示截取到最右边。索引号 start 和 end 为正负均可，但一般要求索引号 start 位于索引号 end 的左边，否则截取内容为空。

```
s= "I - love - Python"
print("s[1:3]= ",s[1:3])  # s[1:3]= "- l"
print("s[- 3:- 1]= ",s[- 3:- 1])  # s[- 3:- 1]= "ho"
print("s[2:- 1]= ",s[2:- 1])  # s[2:- 1]= "love - Pytho"
print("s[2:]= ",s[2:])  # s[2:]= "love - Python"
print("s[:- 1]= ",s[:- 1]) # s[:- 1]= "I - love - Pytho"
print("s[- 1:- 3]",s[- 1:- 3])   # s[- 1:- 3]= ""
print("s[- 10:5]= ",s[- 10:5])  # s[- 10:5]= "ov"
```

形式 3：序列 [start：end：step]。

step>0 时，从左向右截取索引号 start 至索引号 end 之间的元素，但不包括 end，省略 start 时默认为从最左边开始截取，省略 end 时表示截取到最右边。索引号 start 和 end 为正负均可，但一般要求索引号 start 位于索引号 end 的左边，否则截取内容为空。

```
print("s[1:10:2]= ",s[1:10:2]) # s[1:10:2]= "- oePt"
```

```
print("s[2::2]= ",s[2::2])  # s[2::2]= "lv-yhn"
print("s[:5:2]= ",s[:5:2])  # s[:5:2]= "Ilv"
print("s[:-5:2]= ",s[:-5:2])  # s[:-5:2]= "Ilv-"
```

step<0 时，从右向左截取索引号 start 至索引号 end 之间的元素，但不包括 end，省略 start 时默认为从最右边开始截取，省略 end 时表示截取到最左边。索引号 start 和 end 为正负均可，但一般要求索引号 start 位于索引号 end 的右边，否则截取内容为空。

```
print("s[::-1]= ",s[::-1])  # s[::-1]= "nohtyP-evol-I"
print("s[::-2]= ",s[::-2])  # s[::-2]= "nhy-vlI"
print("s[9:-6-2]= ",s[::-2])  # s[9:-6-2]= "nhy-vlI"
print("s[6:0:-2]= ",s[6:0:-2]) # s[6:0:-2]= "-vl"
```

提示：判断索引号 start 位于索引号 end 的左边的一个小技巧是，将索引号转换为对应的正索引号，如果索引号 start 对应的正索引号小于索引号 end 对应的正索引号，则索引号 start 位于索引号 end 的左边。

正索引号＝负索引号＋len（序列）

len（序列）函数可求序列长度。

3. 字符串格式化

Python 语言中字符串格式化有两种方式：%格式符方式、format 方式。

(1)%格式符方式。

基本格式为：

```
% [(name)][flags][width].[precision]typecode
```

相关参数说明详见表 4.3。

表 4.3　有关参数说明（%格式符）

(name)		可选，用于选择指定的 key
flags 可选	+	右对齐，正数前加正号，负数前加负号
	−	左对齐，正数前无符号，负数前加负号
	空格	右对齐，正数前加空格，负数前加负号
	0	右对齐，正数前无符号，负数前加负号，用 0 填充空白处
width		可选，占有宽度
precision		可选，表示小数点后保留的位数
typecode 可选	s	获取传入对象的_str_()方法的返回值，并将其格式化到指定位置
	r	获取传入对象的_repr_()方法的返回值，并将其格式化到指定位置
	c	整数，将数字转换成其 unicode 对应的值。字符，将字符添加到指定位置
	o	将整数转换成八进制表示，并将其格式化到指定位置
	x	将整数转换成十六进制表示，并将其格式化到指定位置
	d	将整数、浮点数转换成十进制表示，并将其格式化到指定位置
	e(E)	将整数、浮点数转换成科学计数法，并将其格式化到指定位置

续表

(name)		可选，用于选择指定的 key
typecode 可选	f(F)	将整数、浮点数转换成浮点数表示，并将其格式化到指定位置（默认保留小数点后 6 位）
	g(G)	自动调整将整数、浮点数转换成浮点型或科学计数法表示（超过 6 位数用科学计数法），并将其格式化到指定位置
	%	当字符串中存在格式化标志时，需要用%%表示一个百分号

举例说明如下。

【实例 4.1】

```
# 程序名称:PBT4101.py
# 功能:字符串格式化:% 格式化
# ! /usr/bin/python
# -*- coding: UTF-8 -*-
def main():
    name1= input("输入姓名:")
    age1= int(input("输入年龄:"))
    score1= float(input("输入分数:"))
    # 1.不指定 width 和 precision
    sf= "name= % s,age= % d,score= % f"
    print(sf % (name1,age1,score1))
    # 2.指定 width 和 precision
    sf= "name= % 15s,age= % 5d,score= % 8.2f"
    print( sf% (name1,age1,score1))
    # 3.指定占位符宽度(左对齐)
    sf= "name= % -15s,age= % -5d,score= % -8.2f"
    print(sf% (name1,age1,score1))
    # 4.指定占位符(只能用 0 当占位符?)
    sf= "name= % -15s,age= % 05d,score= % 08.2f"
    print(sf% (name1,age1,score1))
    # 5.选择指定的 key
    sf= "name= % (name)s,age= % (age)d,score= % (score)f"
    print(sf% {'name':name1,'age':age1,'score':score1})

main()
```

运行后输出结果为：

```
输入姓名:张三
输入年龄:30
输入分数:89
name= 张三,age= 30,score= 89.000000
name=             张三,age=    30,score=    89.00
```

```
name= 张三                ,age= 30   ,score= 89.00
name= 张三                ,age= 00030,score= 00089.00
name= 张三,age= 30,score= 89.000000
```

（2） format 方式。

基本格式为：

```
[[fill]align][sign][# ][0][width][,][.precision][type]
```

相关参数说明详见表 4.4。

表 4.4　　　有关参数说明（format 方式）

参数		说明
fill		可选，空白处填充的字符
align 可选，对齐方式（需配合 width 使用）	<	内容左对齐
	>	内容右对齐（默认）
	=	内容右对齐，将符号放置在填充字符的左侧，且只对数字类型有效
	^	内容居中
sign 可选，有无符号数字	+	正号加正，负号加负
	−	正号不变，负号加负
	空格	正号空格，负号加负
#		可选，对于二进制、八进制、十六进制，如果加上#，会显示 0b/0o/0x，否则不显示
0		用 0 补充
,		可选，为数字添加分隔符，如 1,000,000
width		可选，格式化位所占宽度
.precision		可选，小数位保留精度
type 可选，格式化类型	s	格式化字符串类型数据
	空白	未指定类型，则默认是 None，同 s
	b	将十进制整数自动转换成二进制表示，然后格式化
	c	将十进制整数自动转换为其对应的 Unicode 字符
	d	十进制整数
	o	将十进制整数自动转换成八进制表示，然后格式化
	x(X)	将十进制整数自动转换成十六进制表示，然后格式化（小写 x）
	e(E)	转换为科学计数法（小写 e）表示，然后格式化
	f(F)	转换为浮点型（默认小数点后保留 6 位）表示，然后格式化
	g(G)	自动在 e 和 f 中切换
	%	显示百分比（默认显示小数点后 6 位）

举例说明如下。

【实例 4.2】

```
# 程序名称:PBT4102.py
# 功能:字符串格式化:format
```

```
# ! /usr/bin/python
# -* - coding: UTF - 8 -* -
def  main()
    stdname= input("输入姓名:")
    age= int(input("输入年龄:"))
    score= float(input("输入分数:"))

    # 1. 使用参数位置格式
    print("1. 使用参数位置格式")
    sf= "stdname= {0},age= {1},score= {2}"
    print(sf.format(stdname,age,score))
    list1= [stdname,age,score]
    print(sf.format(* list1))                                         # 列表参数
    tup1= (stdname,age,score)
    print(sf.format(* tup1))                                          # 元组参数

    # 2. 使用参数名
    print("2. 使用参数名")
    sf= "stdname= {stdname},age= {age},score= {score}"
    print(sf.format(stdname= stdname,age= age,score= score))
    dict1= {'stdname':stdname,'age':age,'score':score}
    print(sf.format(* * dict1))                                       # 字典参数

    # 3. 设置格式化的输出宽度、填充、对齐方式
    print("3. 设置格式化的输出宽度、填充、对齐方式")
    sf= "stdname= {0:* < 10},age= {1:* < 10},score= {2:* < 10}"   # 左对齐
    print(sf.format(stdname,age,score))
    sf= "stdname= {0:* ^10},age= {1:* ^10},score= {2:* ^10}"       # 居中
    print(sf.format(stdname,age,score))
    sf= "stdname= {0:* > 10},age= {1:* > 10},score= {2:* > 10}"   # 右对齐
    print(sf.format(stdname,age,score))

    # 4. 设置输出格式:宽度与小数位
    print("4. 设置输出格式:宽度与小数位")
    sf= "stdname= {0:15s},age= {1:5d},score= {2:8.2f}"
    print(sf.format(stdname,age,score))
    sf= "stdname= {0:15s},age= {1:05d},score= {2:08.2f}"
    print(sf.format(stdname,age,score))

main()
```

运行后输出结果为:

```
输入姓名:张三
输入年龄:30
输入分数:89
1. 使用参数位置格式
stdname= 张三,age= 30,score= 89.0
stdname= 张三,age= 30,score= 89.0
stdname= 张三,age= 30,score= 89.0
2. 使用参数名
stdname= 张三,age= 30,score= 89.0
stdname= 张三,age= 30,score= 89.0
3. 设置格式化的输出宽度、填充、对齐方式
stdname= 张三********,age= 30********,score= 89.0*****
stdname= ****张三****,age= ****30****,score= ***89.0**
stdname= ********张三,age= ********30,score= ******89.0
4. 设置输出格式:宽度与小数位
stdname= 张三          ,age=    30,score=    89.00
stdname= 张三          ,age= 00030,score= 00089.00
```

4.1.2 字符串常见函数及方法

1. 去掉空格和特殊符号

s.strip()：去掉空格和换行符。

s.strip('xx')：去掉某个字符串。

s.lstrip()：去掉左边的空格和换行符。

s.rstrip()：去掉右边的空格和换行符。

2. 字符串的搜索和替换

s.count('x')：查找某个字符在字符串里面出现的次数。

s.capitalize()：首字母大写。

s.center(n，'-')：把字符串放中间，两边用-补齐。

s.find('x')：找到这个字符返回下标，多个时返回第一个；不存在的字符返回－1。

s.index('x') 找到这个字符返回下标，多个时返回第一个；不存在的字符报错。

s.replace(oldstr，newstr)字符串替换。

s.format()：字符串格式化。

3. 字符串的测试和替换函数

s.startswith(prefix[,start[,end]])：是否以 prefix 开头。

s.endswith(suffix[,start[,end]])：以 suffix 结尾。

s.isalnum()：是否全是字母和数字，并至少有一个字符。

s.isalpha()：是否全是字母，并至少有一个字符。

s.isdigit()：是否全是数字，并至少有一个字符。

s.isspace()：是否全是空白字符，并至少有一个字符。

s.islower()：s 中的字母是否全是小写。

s. isupper()：s 中的字母是否全是大写。

s. istitle()：s 是否是首字母大写的。

4. 字符串分割

s. split()：默认是按照空格分割。

s. split(splitter)：按照 splitter 分割。

5. 符串连接

joiner. join(slit)：使用连接字符串 joiner 将 slit 中的元素连接成一个字符串，slit 可以是字符串列表、字典（可迭代的对象）。int 类型不能被连接。

6. 截取字符串（切片）

s='0123456789'

prints[0:3]：截取第一位到第三位的字符。

prints[:]：截取字符串的全部字符。

prints[6:]：截取第七个字符到结尾。

prints[:-3]：截取从头开始到倒数第三个字符之前。

prints[2]：截取第三个字符。

prints[-1]：截取倒数第一个字符。

prints[::-1]：创造一个与原字符串顺序相反的字符串。

prints[-3:-1]：截取倒数第三位与倒数第一位之前的字符。

prints[-3:]：截取倒数第三位到结尾。

prints[:-5:-3]：逆序截取。

7. string 模块

import string

string. ascii_uppercase：所有大写字母。

string. ascii_lowercase：所有小写字母。

string. ascii_letters：所有字母。

string. digits：所有数字。

注意： 对字符串的操作方法不会改变原来字符串的值。

4.1.3　字符串应用

【实例 4.3】

字符串基本操作应用。

```
# 程序名称:PBT4104.py
# 功能:字符串
# ! /usr/bin/python
#  -* - coding: UTF - 8 -* -

def  createStr():
      # 1. 字符串创建
      print("字符串创建.............................................")
```

```
    str1= "12567"                                # 赋值生成一个集合
    str2= ""                                     # 空串
    list1= ["Noah","Jordon","James","Kobe"]
    str3= str(list1)                             # 调用 str()方法由列表创建字符串
    tup1= ("Noah","Jordon","James","Kobe")
    str4= str(tup1)                              # 调用 set()方法由元组创建字符串
    set1= {"Noah","Jordon","James","Kobe"}
    str5= str(set1)                              # 调用 str()方法由集合创建字符串
    print("str1= ",str1)
    print("str2= ",str2)
    print("str3= ",str3)
    print("str4= ",str4)
    print("str5= ",str5)

def  operateStr():
    # 字符串运算
    # + :字符串连接
    print("+ :字符串连接........................................")
    str1= "123"
    str2= "abc"
    str3= str1+ str2
    print("str1= ",str1)
    print("str2= ",str2)
    print("str3= ",str3)

def  repeatStr():
    # * :重复输出字符串
    print("* :重复输出字符串........................................")
    str1= "abc"
    str2= str1* 2
    print("str1= ",str1)
    print("str2= ",str2)

def  sliceStr():
    # []:通过索引获取字符串中的字符
    # [ : ]:截取字符串中的一部分
    print("* 索引与切片........................................")
    str1= "0123456789"
    print("str1[0:3]= ",str1[0:3])               # 截取第一位到第三位的字符
    print("str1[:]= ",str1[:])                   # 截取字符串的全部字符
    print("str1[6:]= ",str1[6:])                 # 截取第七个字符到结尾
    print("str1[:- 3]= ",str1[:- 3])             # 截取从头开始到倒数第三个字符之前
```

```
    print("str1[2] =",str1[2] )                        # 截取第三个字符
    print("str1[- 1]= ",str1[- 1])                     # 截取倒数第一个字符
    print(" str1[::- 1]= ", str1[::- 1])               # 创造一个与原字符串顺序相反的字符串
    print("str1[- 3:- 1] = ",str1[- 3:- 1] )           # 截取倒数第三位与倒数第一位之前的字符
    print("str1[- 3:]= ",str1[- 3:])                   # 截取倒数第三位到结尾
    print("str1[:- 5:- 3]= ",str1[:- 5:- 3])           # 逆序截取

def  inStr():
    # in:成员运算符:如果字符串中包含给定的字符返回 True
    print("in:成员运算符.............................................")
    str1= "abcdef"
    print("a 在字符串 str1 中否?", "a" in str1)
    print("cd 在字符串 str1 中否?", "a" in str1)
    print("g 在字符串 str1 中否?", "g" in str1)

def  othersStr():
    # 字符串常见方法
    print("字符串常见方法............................................")
    # 1. 去掉空格和特殊符号
    # s.strip():去掉空格和换行符
    print("a bcd ef.strip()= ","a bcd ef ".strip())
    # s.strip('xx') :去掉某个字符串
    str1= "abcdabef"
    print(str1+ ".strip('ab')=  ",str1.strip('ab'))
    # s.lstrip():去掉左边的空格和换行符
    # s.rstrip():去掉右边的空格和换行符
    # 2. 字符串的搜索和替换
    # s.count('x'):查找某个字符在字符串里面出现的次数
    print(str1+ ".count('a')=  ",str1.count('a'))
    # s.capitalize():首字母大写
    # s.center(n,'-'):把字符串放中间,两边用-补齐
    # s.find('x'):找到这个字符返回下标,多个时返回第一个;不存在的字符返回- 1
    print(str1+ ".find('c')=  ",str1.find('c'))
    print(str1+ ".find('g')=  ",str1.find('g'))
    # s.index('x'):找到这个字符返回下标,多个时返回第一个;不存在的字符报错
    print(str1+ ".index('b')=  ",str1.index('b'))
    # s.replace(oldstr, newstr):字符串替换
    print(str1+ ".replace('ab','Java')=  ",str1.replace('ab','Java'))
    #3. 字符串的测试和替换函数
    # s.startswith(prefix[,start[,end]]):是否以 prefix 开头
    # s.endswith(suffix[,start[,end]]):以 suffix 结尾
    # s.isalnum():是否全是字母和数字,并至少有一个字符
```

```
    # s.isalpha():是否全是字母,并至少有一个字符
    # s.isdigit():是否全是数字,并至少有一个字符
    # s.isspace():是否全是空白字符,并至少有一个字符
    # s.islower():s 中的字母是否全是小写
    # s.isupper():s 中的字母是否全是大写
    # s.istitle():s 是否是首字母大写的

def  splitStr():
    # 4. 字符串分割
    print("字符串分割..........................................")
    str2= "Noah Jordon James Kobe"
    # s.split():默认是按照空格分割
    print(str2+ ".split()=  ",str2.split())
    # s.split(','):按照逗号分割
    str2= "Noah,Jordon,James,Kobe"
    print(str2+ ".split()=  ",str2.split(','))
    str2= "Noah* Jordon* James* Kobe"
    print(str2+ ".split()=  ",str2.split('* '))
    str2= "Noah* # Jordon* # James* # Kobe"
    print(str2+ ".split()=  ",str2.split('* # '))

def  joinStr():
    # 5. 字符串连接
    print("字符串连接..........................................")
    list1= ['This','is','Python']
    print("join=  ",','.join(list1))
    print("join=  ",'-'.join(list1))
    print("join=  ",'* '.join(list1))
    print("join=  ",'# # '.join(list1))

def  showStringModule():
    # 6.string 模块
    print("string 模块应用..........................................")
    import string
    print("所有大写字母= ",string.ascii_uppercase)      # 所有大写字母
    print("所有小写字母= ",string.ascii_lowercase)      # 所有小写字母
    print("所有字母= ",string.ascii_letters)            # 所有字母
    print("所有数字= ",string.digits)                   # 所有数字

def main():
    createStr()
    operateStr()
```

```
    sliceStr()
    inStr()
    othersStr
    splitStr()
    joinStr()
    showStringModule()

main()
```

运行后输出结果为：

```
字符串创建....................................................
str1= 12567
str2=
str3= ['Noah', 'Jordon', 'James', 'Kobe']
str4= ('Noah', 'Jordon', 'James', 'Kobe')
str5= {'James', 'Jordon', 'Kobe', 'Noah'}
+ :字符串连接..............................................
str1= 123
str2= abc
str3= 123abc
* :重复输出字符串..............................................
str1= abc
str2= abcabc
* 索引与切片..............................................
str1[0:3]= 012
str1[:]= 0123456789
str1[6:]= 6789
str1[:- 3]= 0123456
str1[2] = 2
str1[- 1]= 9
str1[::- 1]= 9876543210
str1[- 3:- 1] = 78
str1[- 3:]= 789
str1[:- 5:- 3]= 96
in:成员运算符..............................................
a 在字符串 str1 中否? True
cd 在字符串 str1 中否? True
g 在字符串 str1 中否? False
字符串常见方法..............................................
a bcd ef.strip()= a bcd ef
abcdabef.strip('ab')=   cdabef
abcdabef.count('a')=   2
```

```
abcdabef.find('c')=   2
abcdabef.find('g')=   -1
abcdabef.index('b')=   1
abcdabef.replace('ab','Java')=   JavacdJavaef
字符串分割..........................................
Noah Jordon James Kobe.split()=   ['Noah', 'Jordon', 'James', 'Kobe']
Noah,Jordon,James,Kobe.split()=   ['Noah', 'Jordon', 'James', 'Kobe']
Noah* Jordon* James* Kobe.split()=   ['Noah', 'Jordon', 'James', 'Kobe']
Noah* # Jordon* # James* # Kobe.split()=   ['Noah', 'Jordon', 'James', 'Kobe']
字符串连接..........................................
join=   This,is,Python
join=   This-is-Python
join=   This* is* Python
join=   This# # is# # Python
string模块应用..........................................
所有大写字母= ABCDEFGHIJKLMNOPQRSTUVWXYZ
所有小写字母= abcdefghijklmnopqrstuvwxyz
所有字母= abcdefghijklmnopqrstuvwxyzABCDEFGHIJKLMNOPQRSTUVWXYZ
所有数字= 0123456789
```

【实例 4.4】

利用字符串函数实现特定功能。

(1) 将串 s2 插入到串 s1 的第 i 个字符后面。

分析：如图 4.1 所示，最终的串 s1 可以看作是由“$a_1 a_2 \cdots a_i$”“$b_1 b_2 \cdots b_m$”和“$a_{i+1} a_{i+2} \cdots a_n$”连接而成。因此可先将 s1 分成 s3（=“$a_1 a_2 \cdots a_i$”）和 s4（=“$a_{i+1} a_{i+2} \cdots a_n$”）两部分，然后将 s3 和 s2 连接成新的 s3，最后新 s3 与 s4 连接成 s1。

图 4.1 (a) 是插入子串前的状态，图 4.1 (b) 是插入子串后的状态。

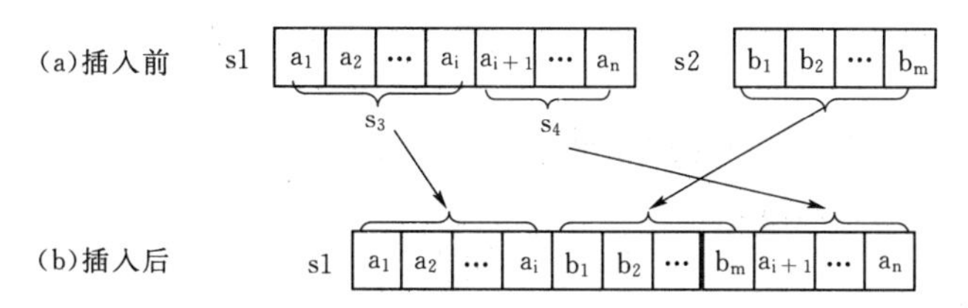

图 4.1 将串 s2 插入到串 s1 的第 i 个字符后面示意图

算法如下：

//将串 s2 插入到串 s1 的第 i 个字符后面。

```
def insertStr(s1,s2, i):
    return s1[0:,i]+ s2+ s1[i:len(s1)]
```

(2) 删除串 s 中第 i 个字符开始的连续 j 个字符。

分析：如图 4.2 所示，删除前串 s 可以看作是由“$a_1 a_2 \cdots a_{i-1}$”（记为 s1）、“$a_i a_{i+1} \cdots a_{i+j-1}$”（记为 s2）和“$a_{i+j} \cdots a_n$”（记为 s3）连接而成。删除后串 s 可以看作是由 s1 和 s3

连接而成。

图 4.2（a）是删除子串前的状态，图 4.2（b）是删除子串后的状态。

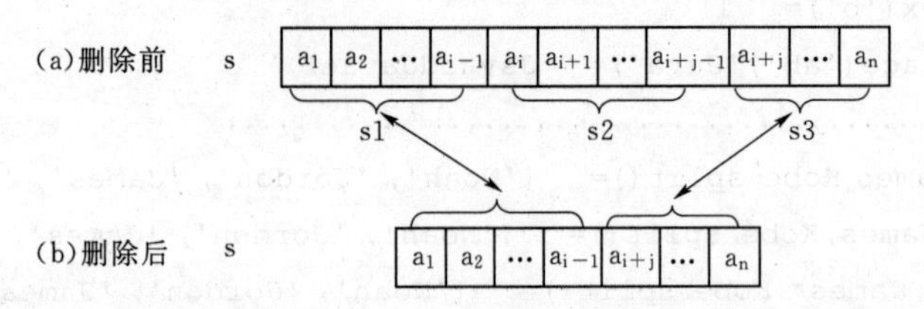

图 4.2　删除串 s 中第 i 个字符开始的连续 j 个字符示意图

算法如下：

#删除串 s 中第 i 个字符开始的连续 j 个字符。

```
def deleteStr(s,i,j):
    return s[0:i- 1]+ s[i+ j- 1:len(s)]
```

（3）从串 s1 中删除所有和串 s2 相同的子串。

```
s1= "abcabefabgha"
s2= "ab"
```

则从串 s1 中删除所有和串 s2 相同的子串后，s1="cefgha"。

(a)删除前　s1　a b c a b e f a b g h a　s2　a b

(b)删除后　s1　c e f g h a

图 4.3　从串 s1 中删除所有和串 s2 相同的子串的示意图

图 4.3（a）是删除子串前的状态，图 4.3（b）是删除子串后的状态。

分析：利用 index 算法可以找到 s2 在 s1 中的位置，而利用算法 StrDelete 可以删除 s1 中从某位置删除的若干连续字符。对删除的字符后的串循环使用 index 和 StrDelete 算法便可从串 s1 中删除所有和串 s2 相同的子串。

算法如下：

```
# 从串 s1 中删除所有和串 s2 相同的子串。
def deleteStrAll(s1,s2):
    s0= ""
    len2= len(s2)
    j= s1.find(s2);
    # print("s1= "+ s1+ "  s2= "+ s2+ "  j= "+ j);
    while(j> = 0)     :
            s0= deleteStr(s1,j+ 1,len2);
            # print("s1= "+ s1+ "  s0= "+ s0);
            s1= s0
            j= s1.find(s2)
    return s0
```

可以按照以下程序来上机验证。

```
# 程序名称:PBT4105.py
# 功能:字符串应用二
# ! /usr/bin/python
#  -* - coding: UTF-8 -* -

#     //将串 s2 插入到串 s1 的第 i 个字符后面。
def insertStr(s1,s2, i):
      return s1[0:,i]+ s2+ s1[i:len(s1)]
# 删除串 s 中第 i 个字符开始的连续 j 个字符。
def deleteStr(s,i,j):
      return s[0:i- 1]+ s[i+ j- 1:len(s)]

# 从串 s1 中删除所有和串 s2 相同的子串。
def deleteStrAll(s1,s2):
      s0= ""
      len2= len(s2)
      j= s1.find(s2);
      # print("s1= "+ s1+ "  s2= "+ s2+  "  j= "+ j);
      while(j> = 0)     :
                  s0= deleteStr(s1,j+ 1,len2);
                  # print("s1= "+ s1+ "  s0= "+ s0);
                  s1= s0
                  j= s1.find(s2)
      return s0

str1= "abcabefabgha"
str2= "ab"
print("str1= ",str1)
print("str2= ",str2)
print("deleteStrAll(str1,str2)= ",deleteStrAll(str1,str2))
```

4.2 列　　表

4.2.1 列表概述

列表（List）是若干个元素构成的有序序列，由中括号[]标识。列表中元素类型可以不相同，可以是数字型、字符串型、列表型、元组型、集合型、字典型等。

1. 列表创建

列表可通过多种方式，如通过赋值创建，通过调用函数 list()由字符串、元素、集合、字典等创建。列表可以为空[]。

```
list1= [1, 2, 3, 4, 5]  # 赋值生成列表
list2= []               # 创建空列表
list3= list('abcdef')  # 由字符串创建列表['a', 'b', 'c', 'd', 'e', 'f']
tup1= ("Jordon",1,"Kobe",2,"James",3)
list4= list(tup1)       # 由元组创建列表("Jordon",1,"Kobe",2,"James",3)
set1= {"Jordon",1,"Kobe",2,"James",3}
list5= list(set1)       # 由集合创建列表("Jordon",1,"Kobe",2,"James",3)
dict1= {1: '费德勒', 2: '纳达尔', 3: '德约科维奇',4: '桑普拉斯'}
list6= list(dict1)      # 由字典创建列表[1,2,3,4]
```

2. 列表截取

与字符串、列表等类似，元组可以通过索引进行切片处理，即截取部分生成新元组。

从左向右，索引下标依次为：0,1,2,…

从右向左，索引下标依次为：－1,－2,－3,…

```
list1= ["Jordon",1,"Kobe",2,"James",3]
print ("list1[0]: ", list1[0])    # 结果为:Jordon
print ("list1[2:4]: ", list1[1:5]) # 结果为:"Kobe",2
```

3. 列表运算

```
# 列表连接+
list1= ["Noah","Jordon","James","Kobe"]
list2= ["Curry","James","Dulant","Jordon"]
list3= list1+ list2
list3 输出结果为:
['Noah', 'Jordon', 'James', 'Kobe', 'Curry', 'James', 'Dulant', 'Jordon']

# 元素复制
list1= ["Curry","James"]
list2= list1* 3
list2 输出结果为:
["Curry","James","Curry","James","Curry","James"]

# 元素修改
list1= ["Noah","Jordon","James","Kobe"]
list1[2]= 'LeBron James'
修改后 list1 输出结果为:
["Noah","Jordon"," LeBron James ","Kobe"]

# 判断某元素是否属于列表
list1= ["Noah","Jordon","James","Kobe"]
print("Curry属于list1否?",'Curry' in list1)  # False
print("James属于list1否?",'James' in list1)  # True
```

```
# 1. len(listle):计算列表元素个数
list1= ["Noah","Jordon","James","Kobe"]
print("列表 list1 的长度= ",len(list1))  # 4
# 2. max(listle):返回列表中元素最大值
list1= ["Noah","Jordon","James","Kobe"]
print("列表 list1 的最大值= ",max(list1))  # Noah
# 3. min(listle):返回列表中元素最小值
list1= ["Noah","Jordon","James","Kobe"]
print("列表 list1 的最小值= ",min(list1))  # James
```

4.2.2 列表常用函数和方法

列表常用函数和方法见表 4.5。

表 4.5　列表常用函数和方法

序号	函数/方法	功能描述
1	len(list)	列表元素个数
2	max(list)	返回列表元素最大值
3	min(list)	返回列表元素最小值
4	list(seq)	将元组转换为列表
5	list. append(obj)	在列表末尾添加新的对象
6	list. count(obj)	统计某个元素在列表中出现的次数
7	list. extend(seq)	在列表末尾一次性追加另一个序列中的多个值（用新列表扩展原来的列表）
8	list. index(obj)	从列表中找出某个值第一个匹配项的索引位置
9	list. insert(index,obj)	将对象插入列表
10	list. pop([index=－1])	移除列表中的一个元素（默认最后一个元素），并且返回该元素的值
11	list. remove(obj)	移除列表中某个值的第一个匹配项
12	list. reverse()	反向列表中的元素
13	list. sort(key=None ,reverse=False)	对原列表进行排序
14	list. clear()	清空列表
15	list. copy()	复制列表

4.2.3 列表应用举例

【实例 4.5】

基本操作应用。

```
# 程序名称:PBT4201.py
# 功能:列表应用:基本操作
# ! /usr/bin/python
#  -* - coding: UTF - 8 -* -
```

```
def createList():
    # 1. 列表创建
    print("列表创建.........................................")
    list1 = [1, 2, 3, 4, 5]   # 赋值生成列表
    print ("list1= ", list1)
    list2 = []                # 创建空列表
    list3= list('abcdef')  # 调用 list()由字符串创建列表
    print ("list3= ", list3)
    tup1= ("Jordon",1,"Kobe",2,"James",3)
    list4= list(tup1)        # 调用 list()由列表创建列表
    print ("list4= ", list4)
    set1= {"Jordon",1,"Kobe",2,"James",3}
    list5= list(set1)        # 调用 list()由集合创建列表
    print ("list5= ", list5)
    dict1= {1: '费德勒', 2: '纳达尔', 3: '德约科维奇',4: '桑普拉斯'}
    list6= list(dict1)       # 调用 list()由字典创建列表
    print ("list6= ", list6)

def sliceList():
    # 2. 列表截取
    print("列表截取演示.......................................")
    list1 =  ["Jordon",1,"Kobe",2,"James",3]
    print ("list1[0]: ", list1[0])
    print ("list1[1:5]: ", list1[1:5])

def addList():
    # 3. 列表运算符
    # 列表连接+
    print("列表连接.........................................")
    list1= ["Noah","Jordon","James","Kobe"]
    list2= ["Curry","James","Dulant","Jordon"]
    list3= list1+ list2
    print("list1= ",list1)
    print("list2= ",list2)
    print("list1+ list2= ",list3)

def repeatList():
    # 元素复制
    print("列表复制.........................................")
    list1= ["Curry","James"]
    list2= list1* 3
    print("list1= ",list1)
```

```
    print("list1* 3= ",list2)

def updateList():
    # 元素修改
    print("列表修改..............................................")
    list1= ["Noah","Jordon","James","Kobe"]
    list1[2]= 'LeBron James'
    print("list1= ",list1)

def inList():
    # 判断某元素是否属于列表
    print("判断某元素是否属于列表..........")
    list1= ["Noah","Jordon","James","Kobe"]
    print("Curry 属于 list1 否?",'Curry' in list1)
    print("James 属于 list1 否?",'James' in list1)

def mathList():
    # 1. len(listle):计算列表元素个数
    list1= ["Noah","Jordon","James","Kobe"]
    print("列表 list1= ",list1)
    print("列表 list1 的长度= ",len(list1))
    # 2. max(listle):返回列表中元素最大值
    list1= ["Noah","Jordon","James","Kobe"]
    print("列表 list1= ",list1)
    print("列表 list1 的最大值= ",max(list1))
    # 3. min(listle):返回列表中元素最小值
    list1= ["Noah","Jordon","James","Kobe"]
    print("列表 list1= ",list1)
    print("列表 list1 的最小值= ",min(list1))

def main():
    createList()
    sliceList()
    addList()
    repeatList()
    updateList()
    inList()
    mathList()

main()
```

运行后输出结果为：

```
列表创建..........................................
list1= [1, 2, 3, 4, 5]
list3= ['a', 'b', 'c', 'd', 'e', 'f']
list4= ['Jordon', 1, 'Kobe', 2, 'James', 3]
list5= [1, 2, 'James', 'Jordon', 3, 'Kobe']
list6= [1, 2, 3, 4]
列表截取演示..................................
list1[0]:  Jordon
list1[1:5]:  [1, 'Kobe', 2, 'James']
列表连接..........................................
list1= ['Noah', 'Jordon', 'James', 'Kobe']
list2= ['Curry', 'James', 'Dulant', 'Jordon']
list1+ list2= ['Noah','Jordon','James','Kobe','Curry','James','Dulant','Jordon']
列表复制..........................................
list1= ['Curry', 'James']
list1* 3= ['Curry', 'James', 'Curry', 'James', 'Curry', 'James']
列表修改..........................................
list1= ['Noah', 'Jordon', 'LeBron James', 'Kobe']
判断某元素是否属于列表...........
Curry 属于 list1 否? False
James 属于 list1 否? True
列表 list1= ['Noah', 'Jordon', 'James', 'Kobe']
列表 list1 的长度= 4
列表 list1= ['Noah', 'Jordon', 'James', 'Kobe']
列表 list1 的最大值= Noah
列表 list1= ['Noah', 'Jordon', 'James', 'Kobe']
列表 list1 的最小值= James
```

【实例4.6】

利用列表实现有序表的合并。

例如，两个有序表LA和LB分别为：

LA=[3，5，8，11]

LB=[2，6，8，9，11，15，20]

则，合并后的有序表LA为：

LC=[2，3，5，6，8，8，9，11，11，15，20]

```
# 程序名称:PBT4202.py
# 功能:列表应用:有序表合并
# ! /usr/bin/python
# -*- coding: UTF-8 -*-

def mergeList(lista,listb):
```

```
    n= len(lista)
    m= len(listb)
    listc= lista+ listb
    mn= n+ m
    while (n> 0 and m> 0):
            if (lista[n- 1]> = listb[m- 1]):
                listc[n+ m- 1]= lista[n- 1]
                n= n- 1;
            else:
                listc[n+ m- 1]= listb[m- 1]
                m= m- 1
        # 以下将 LB 中仍未合并到 LA 中的元素合并到 LA
    while (m> 0):
            listc[n+ m- 1]= listb[m- 1]
            m= m- 1
    return listc

def main():
    lista= [3,5,8,11]
    listb= [2,6,8,9,11,15,20]
    listc= mergeList(lista,listb)
    print("lista= ",lista)
    print("listb= ",listb)
    print("listc= ",listc)

main()
```

运行后输出结果为：

```
lista= [3, 5, 8, 11]
listb= [2, 6, 8, 9, 11, 15, 20]
listc= [2, 3, 5, 6, 8, 8, 9, 11, 11, 15, 20]
```

4.3 元　　组

4.3.1 元组概述

元组（Tuple）是若干个元素构成的序列，由小括号()标识。元组与列表类似，也可以由不同类型组成，不同之处在于元组的元素不能修改。

1. 元组创建

元组可通过多种方式，如通过赋值创建，通过调用函数 tuple()由列表、集合、字符串等创建。元组可以为空()，也可以只有一个元素(10,)。当只有一个元素时，后面的逗号不能少，否则就不是元组。

```
tup1 =  (1, 2, 3, 4, 5 )
tup2 =  "a", "b", "c", "d"          # 不需要括号也可以
tup3 =  ()                          # 创建空元组
tup4 =  (50,)                       # 创建只有一个元素的元组,逗号不能少
tup5= tuple('abcdef')               # 由字符串创建元组('a', 'b', 'c', 'd', 'e', 'f')
list1= ["Jordon",1,"Kobe",2,"James",3]
tup5= tuple(list1)                  # 由列表创建元组("Jordon",1,"Kobe",2,"James",3)
set1= {"Jordon",1,"Kobe",2,"James",3}
tup7= tuple(set1)                   # 由集合创建元组("Jordon",1,"Kobe",2,"James",3)
dict1= {1: '费德勒', 2: '纳达尔', 3: '德约科维奇',4: '桑普拉斯'}
tup8= tuple(dict1)                  # 调用 list()由字典创建元组{1,2,3,4}
```

2. 元组截取

与字符串、列表等类似，元组可以通过索引进行切片处理，即截取部分生成新元组。

从左向右，索引下标依次为：0,1,2,…

从右向左，索引下标依次为：−1,−2,−3,…

```
tup1 =  ("Jordon",1,"Kobe",2,"James",3)
print ("tup1[0]: ", tup1[0])       # 结果为"Jordon"
print ("tup1[1:5]: ", tup1[2:4]) # 结果为("Kobe",2)
```

3. 元组运算

```
# 元组连接+ :连接两个元组为一个新元组
tup1= ("Noah","Jordon","James","Kobe")
tup2= ("Curry","James","Dulant","Jordon")
tup3= tup1+ tup2
元素 tup3 结果为:
("Noah","Jordon","James","Kobe","Curry","James","Dulant","Jordon")
# 元素复制:将元组复制 n 倍生成新元组
print("元组复制.........................................")
tup1= ("Curry","James")
tup2= tup1* 3
print("tup1* 3= ",tup2)
元素 tup2 结果为:
("Curry","James","Curry","James","Curry","James")

# 判断某元素是否属于元组
tup1= ("Noah","Jordon","James","Kobe")
print("Curry属于 tup1 否?",'Curry' in tup1)  # False
print("James属于 tup1 否?",'James' in tup1)  # True
```

```
# 1. len(tuple):计算元组元素个数
tup1= ("Noah","Jordon","James","Kobe")
print("元组 tup1 的长度= ",len(tup1))    # 4
# 2. max(tuple):返回元组中元素最大值
tup1= ("Noah","Jordon","James","Kobe")
print("元组 tup1 的最大值= ",max(tup1))   # Noah
# 3. min(tuple):返回元组中元素最小值
tup1= ("Noah","Jordon","James","Kobe")
print("元组 tup1 的最小值= ",min(tup1))   # James
```

4.3.2 元组常用函数和方法

元组常用函数和方法见表 4.6。

表 4.6 元组常用函数和方法

序号	函数/方法	功　能
1	len(tuple)	计算元组元素个数
2	max(tuple)	返回元组中元素最大值
3	min(tuple)	返回元组中元素最小值
4	tuple(seq)	将列表转换为元组

4.3.3 元组应用举例

【实例 4.7】

```
# 程序名称:PBT4301.py
# 功能:元组
# ! /usr/bin/python
# -*- coding: UTF-8 -*-

# 1. 元组创建
def createTuple():
print("元组创建.........................................")
tup1 =  (1, 2, 3, 4, 5 )                   # 赋值生成元组
print ("tup1= ", tup1)
tup2 =  "a", "b", "c", "d"                 # 不需要括号也可以
print ("tup2= ", tup2)
tup3 =  ()                                 # 创建空元组
print ("tup3= ", tup3)
tup4 =  (50,)                              # 创建只有一个元素的元组,逗号不能少
print ("tup4= ", tup4)
tup5= tuple('abcdef')                      # 调用 tuple()由字符串创建元组
print ("tup5= ", tup5)
list1= ["Jordon",1,"Kobe",2,"James",3]
```

```
tup6= tuple(list1)                    # 调用 tuple()由列表创建元组
print ("tup6= ", tup6)
set1= {"Jordon",1,"Kobe",2,"James",3}
tup7= tuple(set1)                     # 调用 tuple()由集合创建元组
print ("tup7= ", tup7)
dict1= {1:'费德勒', 2:'纳达尔', 3:'德约科维奇',4:'桑普拉斯'}
tup8= tuple(dict1)                    # 调用 list()由字典创建列表
print ("tup8= ", tup8)

# 2.元组截取
def sliceTuple():
print("元组截取演示......................................")
tup1 =  ("Jordon",1,"Kobe",2,"James",3)
print ("tup1[0]: ", tup1[0])
print ("tup1[1:5]: ", tup1[1:5])

# 3.元组运算符
def addTuple():
# 元组连接+
print("元组连接..........................................")
tup1= ("Noah","Jordon","James","Kobe")
tup2= ("Curry","James","Dulant","Jordon")
tup3= tup1+ tup2
print("tup1= ",tup1)
print("tup2= ",tup2)
print("tup1+ tup2= ",tup3)

# 元素复制
def repeatTuple():
print("元组复制..........................................")
tup1= ("Curry","James")
tup2= tup1* 3
print("tup1= ",tup1)
print("tup1* 3= ",tup2)

# 判断某元素是否属于元组
def inTuple():
print("判断某元素是否属于元组..........")
tup1= ("Noah","Jordon","James","Kobe")
print("Curry属于tup1否?",'Curry' in tup1)
print("James属于tup1否?",'James' in tup1)
```

```
def mathTuple():
# 1. len(tuple):计算元组元素个数
tup1= ("Noah","Jordon","James","Kobe")
print("元组 tup1= ",tup1)
print("元组 tup1 的长度= ",len(tup1))
# 2. max(tuple):返回元组中元素最大值
tup1= ("Noah","Jordon","James","Kobe")
print("元组 tup1= ",tup1)
print("元组 tup1 的最大值= ",max(tup1))
# 3. min(tuple):返回元组中元素最小值
tup1= ("Noah","Jordon","James","Kobe")
print("元组 tup1= ",tup1)
print("元组 tup1 的最小值= ",min(tup1))

def main():
createTuple()
sliceTuple()
addTuple()
repeatTuple()
inTuple()
mathTuple()

main()
```

运行后输出结果为：

```
元组创建.........................................
tup1= (1, 2, 3, 4, 5)
tup2= ('a', 'b', 'c', 'd')
tup3= ()
tup4= (50,)
tup5= ('a', 'b', 'c', 'd', 'e', 'f')
tup6= ('Jordon', 1, 'Kobe', 2, 'James', 3)
tup7= (1, 2, 'Jordon', 3, 'Kobe', 'James')
tup8= (1, 2, 3, 4)
元组截取演示...................................
tup1[0]:  Jordon
tup1[1:5]:  (1, 'Kobe', 2, 'James')
元组连接.........................................
tup1= ('Noah', 'Jordon', 'James', 'Kobe')
tup2= ('Curry', 'James', 'Dulant', 'Jordon')
tup1+ tup2= ('Noah','Jordon','James','Kobe','Curry','James','Dulant','Jordon')
元组复制.........................................
```

```
tup1= ('Curry', 'James')
tup1* 3= ('Curry', 'James', 'Curry', 'James', 'Curry', 'James')
判断某元素是否属于元组..........
Curry 属于 tup1 否? False
James 属于 tup1 否? True
元组 tup1= ('Noah', 'Jordon', 'James', 'Kobe')
元组 tup1 的长度= 4
元组 tup1= ('Noah', 'Jordon', 'James', 'Kobe')
元组 tup1 的最大值= Noah
元组 tup1= ('Noah', 'Jordon', 'James', 'Kobe')
元组 tup1 的最小值= James
```

4.4 集　　合

4.4.1 集合概述

集合（Set）是一个无序的不重复元素序列。可以使用大括号{}或者 set()函数创建集合，注意，创建一个空集合必须用 set()而不是{}，因为{}用来创建一个空字典。

1. 集合创建

集合创建可赋值创建，也可以调用函数 set()由列表、元组、字符串等创建。集合可以为空，但空集合不能通过“set1＝{}”形式创建，只能通过“set1＝set()”来创建。“set1＝{}”形式创建的是空字典。

```
# 1. 创建集合
set1= {1,2,5,6,7}      # 赋值生成一个集合
set2= set()            # set()方法创建空集合
set3= set('abcdef') # 调用 set()方法由字符串创建集合{'a', 'b', 'c', 'd', 'e', 'f'}
list1= {"Noah","Jordon","James","Kobe"}
set4= set(list1)       # 调用 set()方法由列表创建集合{"Noah","Jordon","James","Kobe"}
tup1= ("Noah","Jordon","James","Kobe")
set5= set(tup1)        # 调用 set()方法由元组创建集合{"Noah","Jordon","James","Kobe"}
dict1= {1: '费德勒', 2: '纳达尔', 3: '德约科维奇',4: '桑普拉斯'}
set6= set(dict1)       # 由字典创建集合{1,2,3,4}
```

2. 集合添加和删除

s.add()方法可往集合 s 中添加元素。s.pop()可随机删除一个元素，s.remove()和 s.discard()可删除指定元素，s.remove()在删除元素时不存在的会报错（KeyError 错误），s.discard()在删除元素不存在时不会报错。

```
# 2. 向集合中添加一个元素 s.add()
set1= set()            # set()方法创建空集合
set1.add(4)
set1.add(5)
```

```
set1.add(6)
print("set1= ",set1)
# 3. 删除元素
# 随机删除 s.pop()
set1= {"Jordon",1,"Kobe",2,"James",3}
set2= set1.pop()        # 随机删除

# 指定删除 1 删除不存在的会报错 s.remove()
set1= {"Jordon",1,"Kobe",2,"James",3}
set1.remove(1)
# set1.remove("1")    # KeyError: 'da'删除不存在的会报错

# 指定删除 2 删除不存在的不会报错 s.discard()
set1= {"Jordon",1,"Kobe",2,"James",3}
set1.discard("Kobe")
set1.discard("da")   # 删除不存在的不会报错
```

3. Python set()集合操作符号和数学符号

表 4.7 给出了 Python 中的集合操作符号和数学符号。

表 4.7　集合操作符号和数学符号

数学符号	Python 符号	含义
－或\	－	差集，相对补集
∩	&	交集
∪	|	合集、并集
≠	！＝	不等于
＝	＝＝	等于
∈	in	是成员关系
∉	not in	不是成员关系
	∧	对称差集

```
# 3. 集合的交集 & ,s.intersection()
set1= {"Noah","Jordon","James","Kobe"}
set2= {"Curry","James","Dulant","Jordon"}
set12s= set1&set2                      # 符号方法求交集
set12m= set1.intersection(set2)        # 函数方法求交集
set12s、set12m 结果为:
{"James","Jordon"}
# 4. 集合的并集 | ,s. union()
set1= {"Noah","Jordon","James","Kobe"}
set2= {"Curry","James","Dulant","Jordon"}
set12s= set1|set2                      # 符号方法求并集
```

```
set12m= set1.union(set2)              # 函数方法求并集
set12s、set12m 结果为:
{"Noah","Jordon","James","Kobe","Curry","Dulant"}
# 5. 集合的差集  s1.difference(s2) 将集合 s1 里去掉和 s2 交集的部分
set1= {"Noah","Jordon","James","Kobe"}
set2= {"Curry","James","Dulant","Jordon"}
set12s= set1-set2                     # 符号方法求差集
set12m= set1.difference(set2)         # 函数方法求差集
set12s、set12m 结果为:
{'Noah', 'Kobe'}
# 6. 集合的交叉补集  s.symmetric_difference() 并集里去掉交集的部分
set1= {"Noah","Jordon","James","Kobe"}
set2= {"Curry","James","Dulant","Jordon"}
set12= set1.symmetric_difference(set2)
set12 结果为:
{"Noah","Kobe"}
# 7. 集合包含关系
set1= {"Noah","Jordon","James","Kobe"}
set2= {"Curry","James","Dulant","Jordon"}
set3= {"James","Jordon"}
print("set1 包含 set2 否?",set2.issubset(set1))  # False
print("set1 包含 set3 否?",set3.issubset(set1))  # True
```

4.4.2　集合常用函数和方法

集合常用函数和方法见表 4.8。

表 4.8　集合常用函数和方法

方　法	描　述
add()	为集合添加元素
clear()	移除集合中的所有元素
copy()	拷贝一个集合
difference()	返回多个集合的差集
difference_update()	移除集合中的元素，该元素在指定的集合中也存在
discard()	删除集合中指定的元素
intersection()	返回集合的交集
intersection_update()	删除集合中的元素，该元素在指定的集合中不存在
isdisjoint()	判断两个集合是否包含相同的元素，如果没有返回 True，否则返回 False
issubset()	判断指定集合是否为该方法参数集合的子集
issuperset()	判断该方法的参数集合是否为指定集合的子集
pop()	随机移除元素

续表

方　法	描　述
remove()	移除指定元素
symmetric_difference()	返回两个集合中不重复的元素集合
symmetric_difference_update()	移除当前集合中在另外一个指定集合中相同的元素，并将另外一个指定集合中不同的元素插入到当前集合中
union()	返回两个集合的并集
update()	给集合添加元素

4.4.3 集合应用举例

【实例 4.8】

```
# 程序名称:PBT4401.py
# 功能:集合
# ! /usr/bin/python
#  -* - coding: UTF - 8 -* -

# 1. 集合创建
def createSet():
    print("集合创建........................................")
    set1= {1,2,5,6,7}                      # 复制生成一个集合
    set2= set()                            # set()方法创建空集合
    set3= set('abcdef')                    # 调用 set()方法由字符串创建集合
    list1= {"Noah","Jordon","James","Kobe"}
    set4= set(list1)                       # 调用 set()方法由列表创建集合
    tup1= ("Noah","Jordon","James","Kobe")
    set5= set(tup1)                        # 调用 set()方法由元组创建集合
    dict1= {1: '费德勒', 2: '纳达尔', 3: '德约科维奇',4: '桑普拉斯'}
    set6= set(dict1)                       # 调用 list()由字典创建列表
    print("set1= ",set1)
    print("set2= ",set2)
    print("set3= ",set3)
    print("set4= ",set4)
    print("set5= ",set5)
    print("set6= ",set6)

# 2. 向集合中添加一个元素 s.add()
def addSet():
    set1= set()                            # set()方法创建空集合
    set1.add(4)
    set1.add(5)
    set1.add(6)
```

```
    print("set1= ",set1)
# 3. 删除元素
def deleteSet():
    # 随机删除 s.pop()
    set1= {"Jordon",1,"Kobe",2,"James",3}
    print("删除运算 s.pop()...............................................")
    print("删除前 set1= ",set1)
    set2= set1.pop()                          # 随机删除
    print("删除后 set1= ",set1)
    print("删除后 set2= ",set2)

    # 指定删除 1 删除不存在的会报错 s.remove()
    set1= {"Jordon",1,"Kobe",2,"James",3}
    print("删除运算 s.remove()............................................")
    print("删除前 set1= ",set1)
    set1.remove(1)
    # set1.remove("1")                        # KeyError: 'da' 删除不存在的会报错
    print("删除后 set1= ",set1)

    # 指定删除 2 删除不存在的不会报错 s.discard()
    set1= {"Jordon",1,"Kobe",2,"James",3}
    print("删除运算 s.discard()...........................................")
    print("删除前 set1= ",set1)
    set1.discard("Kobe")
    set1.discard("da")                        # 删除不存在的不会报错
    print("删除后 set1= ",set1)

def operateSet():
    # 3. 集合的交集 & ,s.intersection()
    set1= {"Noah","Jordon","James","Kobe"}
    set2= {"Curry","James","Dulant","Jordon"}
    set12s= set1&set2                         # 符号方法求交集
    set12m= set1.intersection(set2)           # 函数方法求交集
    print("交集运算.......................................................")
    print("set1= ",set1)
    print("set2= ",set2)
    print("符号运算:set1 ∩ set2= ",set12s)
    print("函数运算:set1 ∩ set2= ",set12m)

    # 4. 集合的并集 | ,s. union()
    set1= {"Noah","Jordon","James","Kobe"}
    set2= {"Curry","James","Dulant","Jordon"}
```

```
    set12s= set1|set2                    # 符号方法求并集
    set12m= set1.union(set2)             # 函数方法求并集
    print("并集运算..........................................................")
    print("set1= ",set1)
    print("set2= ",set2)
    print("符号运算:set1 ∪ set2= ",set12s)
    print("函数运算:set1 ∪ set2= ",set12m)

    # 5. 集合的差集  s1.difference(s2) 将集合 s1 里去掉和 s2 交集的部分
    set1= {"Noah","Jordon","James","Kobe"}
    set2= {"Curry","James","Dulant","Jordon"}
    set12s= set1 - set2                  # 符号方法求交集
    set12m= set1.difference(set2)        # 函数方法求交集
    print("差集运算..........................................................")
    print("set1= ",set1)
    print("set2= ",set2)
    print("符号运算:set1 - set2= ",set12s)
    print("函数运算:set1 - set2= ",set12m)

    # 6. 集合的交叉补集  s.symmetric_difference() 并集里去掉交集的部分
    set1= {"Noah","Jordon","James","Kobe"}
    set2= {"Curry","James","Dulant","Jordon"}
    set12= set1.symmetric_difference(set2)
    print("交叉补集运算......................................................")
    print("set1= ",set1)
    print("set2= ",set2)
    print("set1 和 set2 交叉补集:= ",set12s)

def issubsetTest():
    # 7. 集合包含关系
    set1= {"Noah","Jordon","James","Kobe"}
    set2= {"Curry","James","Dulant","Jordon"}
    set3= {"James","Jordon"}

    print("集合包含关系......................................................")
    print("set1= ",set1)
    print("set2= ",set2)
    print("set1 包含 set2 否?",set2.issubset(set1))

    print("set1= ",set1)
    print("set3= ",set3)
    print("set1 包含 set3 否?",set3.issubset(set1))
```

```
def main():
    createSet()
    addSet()
    deleteSet()
    operateSet()
    issubsetTest()

main()
```

运行后输出结果为：

```
集合创建........................................
set1= {1, 2, 5, 6, 7}
set2= set()
set3= {'a', 'e', 'c', 'd', 'f', 'b'}
set4= {'Kobe', 'James', 'Jordon', 'Noah'}
set5= {'Kobe', 'James', 'Jordon', 'Noah'}
set1= {4, 5, 6}
删除运算 s.pop()........................................
删除前 set1= {1, 2, 3, 'James', 'Jordon', 'Kobe'}
删除后 set1= {2, 3, 'James', 'Jordon', 'Kobe'}
删除后 set2= 1
删除运算 s.remove()........................................
删除前 set1= {1, 2, 3, 'James', 'Jordon', 'Kobe'}
删除后 set1= {2, 3, 'James', 'Jordon', 'Kobe'}
删除运算 s.discard()........................................
删除前 set1= {1, 2, 3, 'James', 'Jordon', 'Kobe'}
删除后 set1= {1, 2, 3, 'James', 'Jordon'}
交集运算........................................................
set1= {'Noah', 'James', 'Kobe', 'Jordon'}
set2= {'Dulant', 'James', 'Curry', 'Jordon'}
符号运算:set1 ∩ set2= {'James', 'Jordon'}
函数运算:set1 ∩ set2= {'James', 'Jordon'}
并集运算........................................................
set1= {'Noah', 'James', 'Kobe', 'Jordon'}
set2= {'Dulant', 'James', 'Curry', 'Jordon'}
符号运算:set1 ∪ set2= {'Dulant', 'James', 'Jordon', 'Noah', 'Kobe', 'Curry'}
函数运算:set1 ∪ set2= {'Dulant', 'James', 'Jordon', 'Noah', 'Kobe', 'Curry'}
差集运算........................................................
set1= {'Noah', 'James', 'Kobe', 'Jordon'}
set2= {'Dulant', 'James', 'Curry', 'Jordon'}
符号运算:set1 - set2= {'Noah', 'Kobe'}
函数运算:set1 - set2= {'Noah', 'Kobe'}
```

```
交叉补集运算……………………………………………………………………
set1= {'Noah', 'James', 'Kobe', 'Jordon'}
set2= {'Dulant', 'James', 'Curry', 'Jordon'}
set1 和 set2 交叉补集:= {'Noah', 'Kobe'}
集合包含关系……………………………………………………………………
set1= {'Noah', 'James', 'Kobe', 'Jordon'}
set2= {'Dulant', 'James', 'Curry', 'Jordon'}
set1 包含 set2 否? False
set1= {'Noah', 'James', 'Kobe', 'Jordon'}
set3= {'James', 'Jordon'}
set1 包含 set3 否? True
```

4.5 字　典

4.5.1 字典概述

字典（Dictionary）是一个无序的键(key):值(value)的集合，由大括号{}标识。字典元素通过键(key)来存取，而不是通过索引存取。键(key)必须使用不可变类型，一个字典中键(key)的类型可以不同，但键值不能相同。值(value)的类型可以是任何数据类型，一个字典中值(value)的类型可以不同。

```
d = {key1 : value1, key2 : value2 }
```

键必须是唯一的，但值则不必。

值可以取任何数据类型，但键必须是不可变的，如字符串、数字或元组。

1. 创建字典

通过赋值创建字典。例如：

```
dict1= {'1': 'Jordon', '2': 'Kobe', '3': 'James'}
dict2= {1: '费德勒', 2: '纳达尔', 3: '德约科维奇',4: '桑普拉斯'}
```

也可以先创建一个空字典，然后逐一添加元素。

```
dict3= {}
dict3["1"]= "猕猴桃"
dict3["2"]= "甘蔗"
dict3["3"]= "菠萝"
dict3["4"]= "山竹"
```

2. 访问字典里的值

访问字典里的值的格式为：

```
字典对象[key]
```

例如：

```
dict1= {'1': 'Jordon', '2': 'Kobe', '3': 'James'}
print ("dict1['1']: ", dict1['1'])
```

如果用字典里没有的键访问数据，会输出错误如下：

```
# print ("dict1['4']: ", dict1['4'])
```

以上实例输出结果：

```
Traceback (most recent call last):
  File "PBT4501.py", line 5, in < module>
    print ("dict1['4']: ", dict1['4'])
KeyError: '4'
```

3. 修改字典

向字典添加新内容的方法是增加新的键/值对，修改或删除已有键/值对。例如：

```
dict1= {'1': 'Jordon', '2': 'Kobe', '3': 'James'}
dict1['3'] = 'LeBron James'  # 更新键'3 '
dict1['4'] = "Dulant"        # 添加信息
dict1['5'] = "Curry"         # 添加信息
```

4. 删除字典

使用 del 命令可删除单一的元素也能清空字典。例如：

```
dict1= {'1': 'Jordon', '2': 'Kobe', '3': 'James'}
del dict1['2']               # 删除键 '2'
dict1.clear()                # 清空字典
del dict1                    # 删除字典
```

但这会引发一个异常，因为执行 del 操作后字典不再存在。

```
Traceback (most recent call last):
  File "test.py", line 9, in < module>
    print ("dict['Age']: ", dict['Age'])
TypeError: 'type' object is not subscriptable
```

4.5.2　字典常用函数和方法

字典常用函数和方法见表 4.9。

表 4.9　字典常用函数和方法

序号	函数/方法	功　能
1	len(dict)	计算字典元素个数，即键的总数
2	str(dict)	输出字典，以可打印的字符串表示
3	type(variable)	返回输入的变量类型，如果变量是字典就返回字典类型

续表

序号	函数/方法	功　　能
4	radiansdict. clear()	删除字典内所有元素
5	radiansdict. copy()	返回一个字典的浅复制
6	radiansdict. fromkeys()	创建一个新字典，以序列 seq 中元素作字典的键，val 为字典所有键对应的初始值
7	radiansdict. get(key,default=None)	返回指定键的值，如果值不在字典中返回 default 值
8	key in dict	如果键在字典 dict 中返回 true，否则返回 false
9	radiansdict. items()	以列表返回可遍历的（键，值）元组数组
10	radiansdict. keys()	返回一个迭代器，可以使用 list()转换为列表
11	radiansdict. setdefault(key,default=None)	和 get()类似但如果键不存在于字典中，将会添加键并将值设为 default
12	radiansdict. update(dict2)	把字典 dict2 的键/值对更新到 dict 中
13	radiansdict. values()	返回一个迭代器，可以使用 list()转换为列表
14	pop(key[,default])	删除字典给定键 key 所对应的值，返回值为被删除的值。key 值必须给出；否则，返回 default 值
15	popitem()	随机返回并删除字典中的一对键和值（一般删除末尾对）

4.5.3 字典应用举例

【实例 4.9】

```
# 程序名称:PBT4501.py
# 功能:字典应用之一
# ! /usr/bin/python
#  -* - coding: UTF - 8 -* -

# 1. 创建字典
def createDict():
print('创建字典')
dict1= {'1': 'Jordon', '2': 'Kobe', '3': 'James'}
dict2= {1: '费德勒', 2: '纳达尔', 3: '德约科维奇',4: '桑普拉斯'}
print("dict1= ",dict1)
print("dict2= ",dict2)

# 2. 访问字典里的值
def visitDict():
print('访问字典里的值')
dict1= {'1': 'Jordon', '2': 'Kobe', '3': 'James'}
print("dict1= ",dict1)
print ("dict1['1']: ", dict1['1'])
dict2= {1: '费德勒', 2: '纳达尔', 3: '德约科维奇',4: '桑普拉斯'}
```

```
print("dict2= ",dict2)
print ("dict2[1]: ", dict2[1])
# 如果用字典里没有的键访问数据,会输出错误如下:
# print ("dict1['4']: ", dict1['4'])
'''
```

以上实例输出结果：

```
Traceback (most recent call last):
  File "PBT4501.py", line 5, in < module>
     print ("dict1['4']: ", dict1['4'])
KeyError: '4'
'''
# 3. 修改字典
def updateDict():
print('修改字典')
# 向字典添加新内容的方法是增加新的键/值对,修改或删除已有键/值对,如下实例
dict1= {'1': 'Jordon', '2': 'Kobe', '3': 'James'}
dict1['3'] = 'LeBron James'       # 更新键 "3"
dict1['4'] = "Dulant"             # 添加信息
dict1['5'] = "Curry"              # 添加信息
print ("dict1= : ",dict1)

# 4. 删除字典元素
# 能删除单一的元素也能清空字典,清空只需一项操作
# 显示删除一个字典用 del 命令,如下实例
def deleteDict():
print('删除字典')
dict1= {'1': 'Jordon', '2': 'Kobe', '3': 'James'}
print("dict1= ",dict1)
del dict1['2']                    # 删除键 'Name'
print ("dict1= : ", dict1)
dict1.clear()                     # 清空字典
print ("dict1= : ", dict1)
del dict1                         # 删除字典
'''
```

但这会引发一个异常，因为执行 del 操作后字典不再存在：

```
Traceback (most recent call last):
  File "test.py", line 9, in < module>
     print ("dict['Age']: ", dict['Age'])
TypeError: 'type' object is not subscriptable
'''
```

```
def main():
createDict()
visitDict()
updateDict()
deleteDict()

main()
```

运行后输出结果为：

```
创建字典
dict1= {'1': 'Jordon', '2': 'Kobe', '3': 'James'}
dict2= {1: '费德勒', 2: '纳达尔', 3: '德约科维奇', 4: '桑普拉斯'}
访问字典里的值
dict1= {'1': 'Jordon', '2': 'Kobe', '3': 'James'}
dict1['1']:  Jordon
dict2= {1: '费德勒', 2: '纳达尔', 3: '德约科维奇', 4: '桑普拉斯'}
dict2[1]:  费德勒
修改字典
dict1= :  {'1':'Jordon','2':'Kobe','3':'LeBron James','4':'Dulant','5':'Curry'}
删除字典
dict1= {'1': 'Jordon', '2': 'Kobe', '3': 'James'}
dict1= :  {'1': 'Jordon', '3': 'James'}
dict1= :  {}
```

4.6 栈和队列

4.6.1 栈和队列概述

1. 栈概述

栈（stack）是一种操作受限的线性表，它只允许在一端进行插入和删除。通常，将栈中只允许进行插入和删除的一端称为栈顶（top），而将另一端称为栈底（bottom），如图4.4所示。

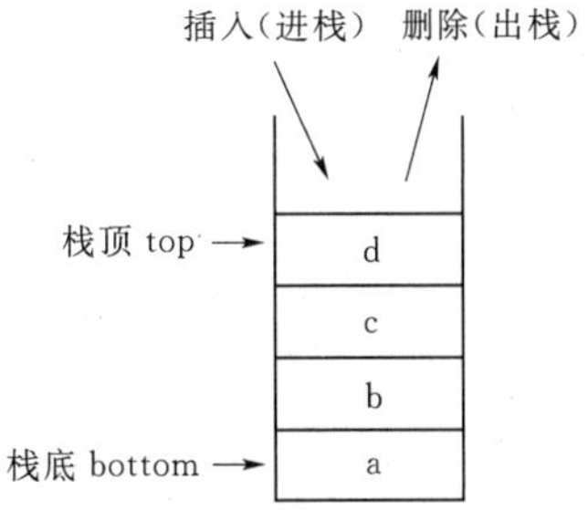

图 4.4 栈的示意图

一般将往栈中插入数据元素的操作称为入栈（push），而从栈中删除数据元素的操作称为出栈（pop）。当栈中无数据元素时，称为空栈。

根据栈的定义可知，栈顶元素总是最后入栈，最先出栈；栈底元素总是最先入栈，最后出栈。因此，栈是按照后进先出（LIFO，last in first out）的原则组织数据的，是一种“后进先出”的线性表。

在现实生活中，很多现象具有栈的特点。例如，在建筑工地上，工人师傅从底往上一层一层地堆放砖，在使用时，将从最上往下一层一层地拿取。

栈在计算机语言中有着非常广泛的用途，例如子例程的调用和返回序列都服从栈协议，算术表达式的求值都是通过对栈的操作序列来实现的，很多手持计算器都是用栈方式来操作的。

2. 队列概述

队列（queue）也是一种操作受限的线性表，它只允许在一端进行插入和在另一端删除的线性表。在队列中只允许进行插入的一端称为队尾（rear），只允许进行删除的一端称为队头（front），如图 4.5 所示。

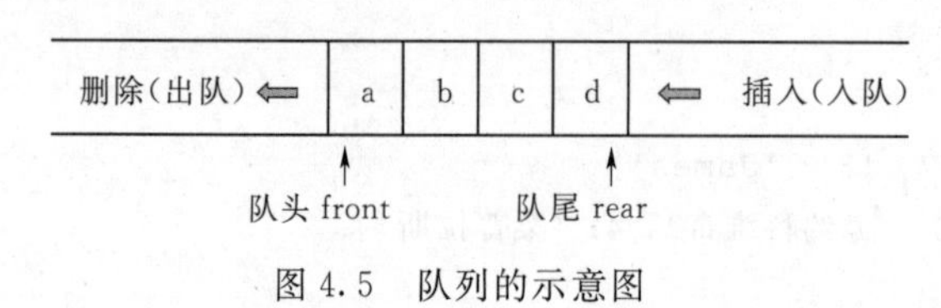

图 4.5　队列的示意图

通常将往队列中插入数据元素的操作称为入队（enqueue），而从队列中删除数据元素的操作称为出队（dequeue）。当队列中无数据元素时，称为空队列。

从队列的定义可知，队列头部元素总是最先入队，最先出队；队列尾部元素总是最后入队，最后出队。因此，队列是按照先进先出（FIFO，first in first out）的原则组织数据的，是一种“先进先出”的线性表。

在现实生活中，很多现象具有队列的特点。例如，在银行等待服务或在电影院门口等待买票的一队人，在红灯前等待通行的一长串汽车，都是队列的例子。

队列在计算机语言中有着非常重要的用途，例如，在多用户分时操作系统中，等待访问磁盘驱动器的多个输入/输出（I/O）请求就可能是一个队列。等待在计算机中运行的作业也形成一个队列，计算机将按照作业和 I/O 请求到达的先后次序进行服务，也就是按先进先出的次序服务。

4.6.2　deque 常用函数

collections 是 Python 内建的一个集合模块，里面封装了许多集合类，其中队列相关的集合只有一个：deque。deque 是双边队列（double - ended queue），具有队列和栈的性质，在 list 的基础上增加了移动、旋转和增删等。

常用方法如下：

d = collections.deque([])

d.append('a')：在最右边添加一个元素，此时 d=deque('a')。

d.appendleft('b')：在最左边添加一个元素，此时 d=deque(['b', 'a'])。

d.extend(['c','d'])：在最右边添加所有元素，此时 d=deque(['b', 'a', 'c', 'd'])。

d.extendleft(['e','f'])：在最左边添加所有元素，此时 d=deque(['f', 'e', 'b', 'a', 'c', 'd'])。

d.pop()：将最右边的元素取出，返回'd'，此时 d=deque（['f', 'e', 'b', 'a', 'c']）。

d.popleft()：将最左边的元素取出，返回'f'，此时 d=deque（['e', 'b', 'a', 'c']）。

d.rotate（-2）：向左旋转两个位置（正数则向右旋转），此时 d=deque（['a', 'c', 'e', 'b']）。

d.count（'a'）：队列中'a'的个数，返回 1。

d.remove（'c'）：从队列中将'c'删除，此时 d=deque（['a', 'e', 'b']）。

d. reverse()：将队列倒序，此时 d=deque（['b', 'e', 'a']）。

4.6.3 应用举例

【实例 4.10】

本实例编写程序判别表达式括号是否正确匹配。

假设在一个算术表达式中，可以包含 3 种括号：圆括号“(”和“)”，方括号“[”和“]”和花括号“{”和“}”，并且这 3 种括号可以按任意的次序嵌套使用。

括号不匹配共有 3 种情况：

(1) 左右括号匹配次序不正确。

(2) 右括号多于左括号。

(3) 左括号多于右括号。

分析：算术表达式中右括号和左括号匹配的次序是后到的括号要最先被匹配，这点正好与栈的“后进先出”特点相符合，因此可以借助一个栈来判断表达式中括号是否匹配。

基本思路是：将算术表达式看作是一个个字符组成字符串，依次扫描串中的每个字符，每当遇到左括号时让该括号进栈；每当扫描到右括号时，比较其与栈顶括号是否匹配，若匹配则将栈顶括号（左括号）出栈继续进行扫描；若栈顶括号（左括号）与当前扫描的括号（右括号）不匹配，则表明左右括号匹配次序不正确，返回不匹配信息；若栈已空，则表明右括号多于左括号，返回不匹配信息。字符串循环扫描结束时，若栈非空，则表明左括号多于右括号，返回不匹配信息；否则，左右括号匹配正确，返回匹配信息。

```
# 程序名称:PBT4601.py
# 功能:栈的应用:表达式括号匹配
# ! /usr/bin/python
# -* - coding: UTF - 8 -* -

def  isLeftBracket(ch):
if ch in ('(','[','{'):        return True
else:      return False

def  isRightBracket(ch):
if ch in (')',']','}'):        return True
else:      return False

def  toLeftBracket(ch):
dict1= {')':'(',']':'[','}':'{'}
return dict1[ch]

#【功能】:检查表达式中括号是否匹配
# exprs 为表达式对应的字符串
# 不匹配的情形有以下 3 种
# 情形 1:左右括号配对次序不正确
```

```
    # 情形 2:右括号多于左括号
    # 情形 3:左括号多于右括号
    def checkMatch(exprs):
    i= 0
    import collections
    stk=  collections.deque([])
    while (i< len(exprs)):
                ch= exprs[i:i+ 1]
                i= i+ 1
                if(isLeftBracket(ch)) : stk.append(ch)
                if(isRightBracket(ch)):
                    ch1= toLeftBracket(ch)
                    if (len(stk)= = 0):
                        return False; # 情形 2
                    else:
                        ch= stk.pop()
                        if (ch! =  ch1): return False; # 情形 1
      if (len(stk)= = 0): return True
      else: return False  # 情形 3

      # exprs= '(a+ b)* c'
      exprs= '[(a+ b])* c'
      print(checkMatch(exprs))
```

【实例 4.11】

打印二项展开式 $(a+b)^n$ 的系数。

二项式 $(a+b)^n$ 展开后其系数构成杨辉三角形，如图 4.6 所示。

杨辉三角形每行元素具有以下特点：

(1) 每行两端元素为 1，i=0 时，两端重叠。

(2) 第 i 行中非端点元素等于第 i－1 行对应的“肩头”元素之和。

基于上述特点，可以利用循环队列来打印杨辉三角形。

基本思路：在循环队列中依次存放第 i－1 行数据元素，然后逐个输出，同时生成第 i 行对应的数据元素并入队。

```
          1                i=0
        1   1              i=1
      1   2   1            i=2
    1   3   3   1          i=3
  1   4   6   4   1        i=4
1   5  10  10   5   1      i=5
```

图 4.6 杨辉三角数

图 4.7 显示了在输出杨辉三角数过程中队列的状态。

程序如下：

```
# 程序名称:PBT4602.py
# 功能:利用队列打印二项式系数
# ! /usr/bin/python
# -* - coding: UTF - 8 -* -
def printBipoly(n):
```

```
e1= 0
e2= 0
import collections
que= collections.deque([])
que.append(1)
que.append(1)
print(" ",end= "")
for k in range(2* n+ 1): print(" ",end= "")
# printf(str(1),3)
print("{:3d}".format(1),end= "")
print("")
for i in range(1,n+ 1):
    print(" ",end= "")
    for k in range(2* n- i+ 1): print(" ",end= "")
    que.append(1);
    for k in range(1,i+ 3):
            e1= que.popleft( )
            que.append(e1+ e2)
            e2= e1
            if(k! = (i+ 2)) :print("{:3d}".format(e2),end= "")
    print("")

printBipoly(5)
```

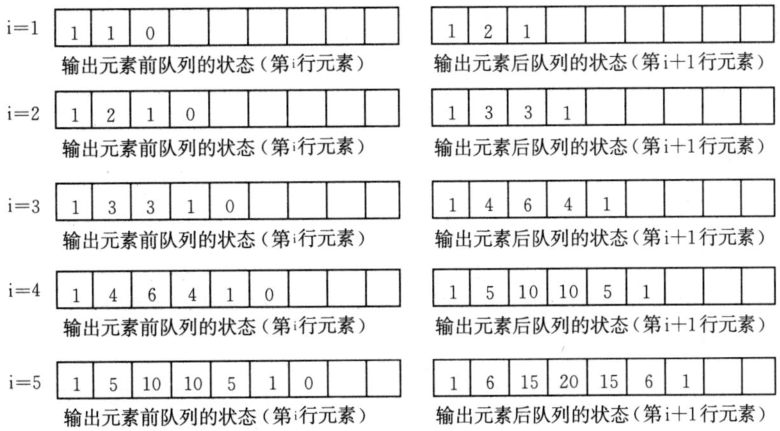

	输出元素前队列的状态（第i行元素）	输出元素后队列的状态（第i+1行元素）
i=1	1 1 0	1 2 1
i=2	1 2 1 0	1 3 3 1
i=3	1 3 3 1 0	1 4 6 4 1
i=4	1 4 6 4 1 0	1 5 10 10 5 1
i=5	1 5 10 10 5 1 0	1 6 15 20 15 6 1

图 4.7 队列状态

4.7 本 章 小 结

本章主要介绍了 Python 语言中常见的数据结构，包括字符串、列表、元组、集合、字典，栈和队列的常见操作和函数，并举例说明如何应用。

4.8 思考和练习题

1. 已知字符串 s="This - is - an - example!"，写出以下结果。

```
s[::-1]
s[4::2]
s[:]
s[3:-5:3]
s[::]
s[3:-5:-1]
```

2. 已知 List1=[[1,2,3],[4,5],[6,7,8]]，写出以下结果。

```
List1[1]
List1[0][1]
List1[1][1]
List1[2][2]
List1[2][0]
```

3. 已知元组 tup1=(1,[2,3,4],5, "T-am-Tuple!")，写出执行下列语句后的结果。

```
tup1[1]
tup1[1][2]
tup1[3][1:3]
```

4. 已知元组 tup1=(1,[2,3,4],5, "T-am-Tuple!")，写出以下结果，请解释为什么。

```
tup1= (1,[2,3,4],5, "T-am-Tuple!")
tup1[1][1]= 33
print("tup1= ",tup1)
```

5. 已知集合 set1={13,9,14,6,19,11,16},set2={9,12,14,5,16,11,20}，求两者的交集、并集、补集等。

6. 专家指出月份与水果具有以下对应关系，请建立字典，并编程实现输入月份后输出对应的水果名称的功能。

key	value	key	value
1	猕猴桃	7	桃子
2	甘蔗	8	西瓜
3	菠萝	9	葡萄
4	山竹	10	白梨
5	草莓	11	苹果
6	樱桃	12	橘子

7. 利用栈实现将十进制数 N 转换为 d 进制数，要求不能利用 Python 内置函数。

8. 利用队列实现以下集合划分功能。

已知集合 $A=\{a_1,a_2,\cdots,a_n\}$，及集合上的关系 $R=\{<a_i,a_j>|,a_i,a_j\in A\}$，其中 $<a_i,a_j>$ 表示 a_i 与 a_j 间存在冲突关系。要求将 A 划分成互不相交的子集 $A_1,A_2,\cdots,A_k$，使任何子集中的元素均无冲突关系，同时要求子集个数尽可能少。

Python

第5章

迭代器与生成器

迭代是Python最强大的功能之一，是访问容器元素的一种方式。迭代器对象从容器的第一个元素开始访问，直到所有的元素被访问完结束。迭代器只能往前不会后退。字符串，列表或元组对象都可用于创建迭代器。在Python中，使用了yield的函数被称为生成器（generator）。生成器是一个返回迭代器的函数，只能用于迭代操作，生成器是一个迭代器。

本章学习目标

- 理解迭代器的含义及作用。
- 掌握迭代器的应用。
- 理解生成器的含义及作用。
- 掌握生成器的应用。

5.1 迭　代　器

5.1.1 迭代器概述

1. 迭代的含义

迭代是Python最强大的功能之一，是访问集合元素的一种方式。对list、tuple、str等类型的数据可使用for…in…的循环从其中依次取数据，将这样的过程称为遍历，也称为迭代。

2. 可迭代对象Iterable

可迭代对象Iterable是可以直接作用于for循环的对象的统称，包括序列对象（列表，元组和字符串）和可迭代的非序列对象（集合、字典、文件和生成器等）。

可以使用isinstance()函数判断一个对象是否是Iterable对象。

【实例5.1】

```
# 程序名称:PBT5101.py
```

```
# 功能: Iterable 对象判断
# ! /usr/bin/python
# -*- coding: UTF-8 -*-
from collections.abc  import Iterable
def isIterable ():
      print("字符串是 Iterable 对象否?",isinstance('abc', Iterable))
      list1= [1,2,3]
      print("列表是 Iterable 对象否?",isinstance(list1, Iterable))
      tup1= (1,2,3)
      print("元组是 Iterable 对象否?",isinstance(tup1, Iterable))
      set1= {1,2,3}
      print("集合是 Iterable 对象否?",isinstance(set1, Iterable))
      dict1= {'1': 'Jordon', '2': 'Kobe', '3': 'James'}
      print("字典是 Iterable 对象否?",isinstance(dict1, Iterable))
      g= (x for x in range(10))
      # 注意(x for x in range(10))为一个 generator,因为由列表生成式[]改成了()。
      print("generator 是 Iterable 对象否?",isinstance(g, Iterable))
      fname= "abc.txt"
      print("文件是 Iterable 对象否?",isinstance(fname, Iterable))
      print("数字是 Iterable 对象否?", isinstance(100, Iterable))

def visitIterable():
      s1= "abc"
      print("遍历输出字符串元素")
      for e in s1:
            print(e,end= " ")
      print("")
      list1= [1,2,3]
      print("遍历输出列表元素")
      for e in list1:
            print(e,end= " ")
      print("")
      tup1= (1,2,3)
      print("遍历输出元组元素")
      for e in tup1:
            print(e,end= " ")
      print("")
      set1= {1,2,3}
      print("遍历输出集合元素")
      for e in set1:
            print(e,end= " ")
      print("")
```

```
    dict1= {'1': 'Jordon', '2': 'Kobe', '3': 'James'}
    print("遍历输出字典元素")
    for e in dict1:
        print(e,end= " ")
    print("")
    fname= "abc.txt"
    fp= open(fname)
    print("遍历输出文件内容")
    for e in fp:
        print(e,end= "")
    fp.close()

def main():
    isIterable()
    visitIterable()

main()
```

运行后输出结果为：

```
字符串是 Iterable 对象否? True
列表是 Iterable 对象否? True
元组是 Iterable 对象否? True
集合是 Iterable 对象否? True
字典是 Iterable 对象否? True
generator 是 Iterable 对象否? True
文件是 Iterable 对象否? True
数字是 Iterable 对象否? False
遍历输出字符串元素
a b c
遍历输出列表元素
1 2 3
遍历输出元组元素
1 2 3
遍历输出集合元素
1 2 3
遍历输出字典元素
1 2 3
遍历输出文件内容
第 1 行
第 2 行
第 3 行
etc
```

3. 迭代器 Iterator

迭代器是一个带状态的对象，它能在调用 next()方法的时候返回集合中的下一个值，任何实现了_iter_()方法和_next_()方法的对象都是迭代器，_iter_()返回迭代器自身，_next_()返回容器中的下一个值，如果集合中没有更多元素了，则抛出 StopIteration 异常。

迭代器是一个可以记住遍历位置的对象。迭代器对象从集合的第一个元素开始访问，直到所有的元素被访问完结束。迭代器只能往前不会后退。

使用 isinstance()判断一个对象是否是 Iterator 对象。

【实例 5.2】

```
# 程序名称:PBT5102.py
# 功能:Iterator 对象判断
# ! /usr/bin/python
#  -* - coding: UTF - 8 -* -
from collections.abc  import Iterator
def  isIterator ():
     s1= 'abc'
     print("字符串是 Iterator 对象否?",isinstance(s1, Iterator))
     list1= [1,2,3]
     print("列表是 Iterator 对象否?",isinstance(list1, Iterator))
     tup1= (1,2,3)
     print("元组是 Iterator 对象否?",isinstance(tup1, Iterator))
     set1= {1,2,3}
     print("集合是 Iterator 对象否?",isinstance(set1, Iterator))
     dict1=  {'1': 'Jordon', '2': 'Kobe', '3': 'James'}
     print("字典是 Iterator 对象否?",isinstance(dict1, Iterator))
     g= (x for x in range(10))
     # 注意(x for x in range(10))为一个 generator,因为由列表生成式[]改成了()。
     print("generator 是 Iterator 对象否?",isinstance(g, Iterator))
     fname= "abc.txt"
     print("文件是 Iterator 对象否?",isinstance(fname, Iterator))
     print("数字是 Iterator 对象否?", isinstance(100, Iterator))
def  main():
     isIterator()


main()
```

输出结果为：

```
字符串是 Iterator 对象否? False
列表是 Iterator 对象否? False
元组是 Iterator 对象否? False
集合是 Iterator 对象否? False
```

```
字典是 Iterator 对象否? False
generator 是 Iterator 对象否? True
文件是 Iterator 对象否? False
数字是 Iterator 对象否? False
```

4. 迭代器的函数

迭代器有两个基本的函数：iter()和 next()。

iter(iterable)：从可迭代对象中返回一个迭代器，iterable 必须是能提供一个迭代器的对象。

next(iterator)：从迭代器 iterator 中获取下一条记录，如果无法获取下一条记录，则触发 stoptrerator 异常。

5. 可迭代对象与迭代器

借助 iter()函数可将 list、dict、str 等可迭代对象 Iterable 变成迭代器 Iterator。可迭代对象 Iterable 实现了_iter_()方法，该方法返回一个迭代器对象。迭代器持有一个内部状态的字段，用于记录下次迭代返回值，它实现了_next_()方法和_iter_()方法，迭代器不会一次性把所有元素加载到内存，而是需要的时候才生成返回结果。

字符串，列表或元组对象都可用于创建迭代器：

```
>>> list1= [1,2,3,4]
>>> iter1 = iter(list1)      # 创建迭代器对象
>>> print (next(iter1))      # 输出迭代器的下一个元素
>>> print (next(iter1))
>>>
```

值得指出的是可迭代对象和迭代器在遍历方面存在差异。迭代器遍历完一次就不能从头开始，即迭代器只能往前不会后退。对列表等可迭代对象，不管遍历多少次都是可以的。

举例说明如下。

【实例 5.3】

```
# 程序名称:PBT5103.py
# 功能:演示可迭代对象和迭代器遍历上的差异性
# -*- coding: UTF-8 -*-
list1= [1,2,3,4]
iter1 = iter(list1)               # 创建迭代器对象
print("2 in iter1= ",2 in iter1)
print("2 in iter1= ",2 in iter1)
print("2 in list1= ",2 in list1)
print("2 in list1= ",2 in list1)
print("2 in list1= ",2 in list1)
print("第 1 次遍历迭代器 iter2")
iter2 = iter(list1)               # 创建迭代器对象
for i in range(1,5):
```

```
    print(i," in iter2= ",i in iter2)
print("第 2 次遍历迭代器 iter2")
for i in range(1,5):
    print(i," in iter2= ",i in iter2)
print("第 1 次遍历列表 list1")
for i in list1:
    print(i," in list1= ",i in list1)
print("第 2 次遍历列表 list1")
for i in list1:
    print(i," in list1= ",i in list1)
```

运行后输出结果为：

```
2 in iter1=  True
2 in iter1=  False
2 in list1=  True
2 in list1=  True
2 in list1=  True
```

第 1 次遍历迭代器 iter2

```
1  in iter2=  True
2  in iter2=  True
3  in iter2=  True
4  in iter2=  True
```

第 2 次遍历迭代器 iter2

```
1  in iter2=  False
2  in iter2=  False
3  in iter2=  False
4  in iter2=  False
```

第 1 次遍历列表 1

```
1  in list1=  True
2  in list1=  True
3  in list1=  True
4  in list1=  True
```

第 1 次遍历列表 2

```
1  in list1=  True
2  in list1=  True
3  in list1=  True
4  in list1=  True
```

5.1.2　迭代器应用举例

迭代器对象可以使用常规 for 语句进行遍历，也可以使用 next()函数逐一遍历。举例说明如下。

【实例 5.4】

```
# 程序名称:PBT5104.py
# 功能:Iterator 的创建和访问
# ! /usr/bin/python
# -*- coding: UTF-8 -*-
import sys                          # 引入 sys 模块
from collections.abc  import Iterator
def visitWithFor():
    # 迭代器对象可以使用常规 for 语句进行遍历
    print("for 语句遍历输出字符串中元素......")
    s1= 'abcd'
    iterStr = iter(s1)          # 创建迭代器对象
    for e in iterStr:
        print(e, end= " ")
    print("")

    print("for 语句遍历输出列表中元素......")
    list1= [1,2,3,4]
    iterList = iter(list1)      # 创建迭代器对象
    for e in iterList:
        print(e, end= " ")
    print("")

def visitWithNext():
    # 使用 next() 函数遍历
    print("next()函数遍历输出字符串中元素......")
    s1= 'abcd'
    iterStr = iter(s1)          # 创建迭代器对象
    while True:
        try:
            print (next(iterStr)," ",end= "")
        except StopIteration:
            break
    print("")

    print("next()函数遍历输出列表中元素......")
    list1= [1,2,3,4]
    iterList = iter(list1)      # 创建迭代器对象
```

```
    while True:
        try:
            print (next(iterList)," ",end= "")
        except StopIteration:
            break
    print("")

def main():
    visitWithFor()
    visitWithNext()

main()
```

运行后输出结果为：

```
for 语句遍历输出字符串中元素……
a b c d
for 语句遍历输出列表中元素……
1 2 3 4
next()函数遍历输出字符串中元素……
a   b   c   d
next()函数遍历输出列表中元素……
1   2   3   4
```

说明： StopIteration 异常用于标识迭代的完成，防止出现无限循环的情况，在 _next_()方法中可以设置在完成指定循环次数后触发 StopIteration 异常来结束迭代。

5.2 生　成　器

5.2.1 生成器概述

1. 列表生成式

生成列表的方式有多种，现举例说明。

假定要生成列表序列为：[3,5,11,21,35,53,75,101,131,165]。通过分析，发现列表元素呈现以下规律：

$$a_n = 2n^2 + 3, n=0,1,2,\cdots$$

基于以上规律，可编程生成列表序列。

【实例 5.5】

```
# 程序名称:PBT5200.py
# 功能:生成序列的几种传统方式
# ! /usr/bin/python
# -*- coding: UTF-8 -*-
```

```
# 方法 1(简单)
list1= []
for n in range(10):
    list1.append(2* n* * 2+ 3)
print("list1= ",list1)

# 方法 2(高级)
list3 =  [2* n* * 2+ 3 for n in range(10)]
print("list3= ",list3)
```

以上有两种生成列表序列的方法，方式 1 是利用 append 方法逐一向列表添加元素，方式 2 是利用列表生成式来生成列表序列。显然方式 2 简洁高效。

列表生成式使用非常简洁的方式来快速生成满足特定需求的列表，代码具有非常强的可读性。

列表生成式的语法形式为：

```
[expression for expr1 in sequence1 if condition1
            for expr2 in sequence2 if condition2
            for expr3 in sequence3 if condition3
            …
            for exprN in sequenceN if conditionN]
```

列表推导式在逻辑上等价于一个循环语句，只是形式上更加简洁。

举例说明如下。

【实例 5.6】

```
# 程序名称:PBT5201.py
# 功能:列表生成器
# 功能:
# ! /usr/bin/python
#  -* - coding: UTF - 8 -* -
def  showListGenerate():
    list11 =  [x* x for x in range(6)]
    print("list11= ",list11)

    list12 =  []
    for x in range(6):
        list12.append(x* x)
    print("list12= ",list12)

    list21 =  [x* x for x in range(6) if x% 2= = 0]
    print("list21= ",list21)

    list22 =  []
```

```
    for x in range(6):
        if x% 2= = 0:
            list22.append(x* x)
    print("list22= ",list22)

    list31 = [x* x+ y* y  for x in range(6)
                           for y in range(6)]
    print("list31= ",list31)

    list32 = []
    for x in range(6):
        for y in range(6):
            list32.append(x* x+ y* y)
    print("list32= ",list32)

    list41 = [x* x+ y* y  for x in range(6)  if x% 2= = 0
                           for y in range(6)  if y% 3= = 0]
    print("list41= ",list41)

    list42 = []
    for x in range(6):
        if x% 2= = 0:
            for y in range(6):
                if y% 3= = 0:
                    list42.append(x* x+ y* y)
    print("list42= ",list42)

def main():
    showListGenerate()

main()
```

运行后输出结果为：

```
list11= [0, 1, 4, 9, 16, 25]
list12= [0, 1, 4, 9, 16, 25]
list21= [0, 4, 16]
list22= [0, 4, 16]
list31= [0, 1, 4, 9, 16, 25, 1, 2, 5, 10, 17, 26, 4, 5, 8, 13, 20, 29, 9, 10, 13, 18, 25,
34, 16, 17, 20, 25, 32, 41, 25, 26, 29, 34, 41, 50]
list32= [0, 1, 4, 9, 16, 25, 1, 2, 5, 10, 17, 26, 4, 5, 8, 13, 20, 29, 9, 10, 13, 18, 25,
34, 16, 17, 20, 25, 32, 41, 25, 26, 29, 34, 41, 50]
list41= [0, 9, 4, 13, 16, 25]
```

```
list42= [0, 9, 4, 13, 16, 25]
```

说明：从本实例可知，列表推导式在逻辑上等价于一个循环语句，只是形式上更加简洁。尤其是涉及 for 比较多（即多重循环）时，这种简洁性尤为突出。如本实例中，list41 的生成采用列表推导式，list42 的生成采用二重循环式，显然列表推导式简洁的多。

2. 生成器生成式

尽管通过列表生成式，可以非常简洁地创建一个列表，但是受到内存限制列表容量肯定是有限的，例如，创建一个包含 100 万个元素的列表，需要占用很大的存储空间。不仅如此，当仅仅需要访问前面几个元素，那么后面绝大多数元素占用的空间都是浪费多余的。

生成器生成式就是利用某种算法推算出后续元素，不必创建完整的列表，从而节省大量的空间。在 Python 中，这种一边循环一边计算的机制，称为生成器 generator。

生成器是一个特殊的程序，可以被用作控制循环的迭代行为，Python 中生成器是迭代器的一种，使用 yield 返回值函数，每次调用 yield 会暂停，且可以使用 next()函数和 send()函数恢复生成器。

生成器类似于返回值为数组的一个函数，这个函数可以接受参数，可以被调用，但是，不同于一般的函数会一次性返回包括了所有数值的数组，生成器一次只能产生一个值，这样消耗的内存数量将大大减小，而且允许调用函数可以很快地处理前几个返回值，因此生成器看起来像是一个函数，但是表现得却像是迭代器。

生成器可以理解为用于生成列表、元组等可迭代对象的机器。既然是机器，没启动之前，在 Python 中只是一个符号。也就是说，生成器还不是实际意义上的列表，因此比列表更加节省内存空间，必要时，生成器可以按照需要去生成列表。

举例说明如下。

【实例 5.7】

```
# 程序名称:PBT5202.py
# 功能:生成器
# ! /usr/bin/python
#  -* - coding: UTF - 8 -* -
# from collections import Iterator

def  showGenerator():
     # 列表生成式
     list1= [2* n* * 2+ 3 for n in range(10)]
     print("list1= ",list1)

     # 生成器生成式
     maxNum= 10  # 定义生成器生成规模(最大数量)
     g1= (2* n* * 2+ 3  for n in range(maxNum))
     realNum= 8  # 定义生成器实际生成数量
     data1= [next(g1) for n in range(realNum)]
```

```
    print("data1= ",data1)

    # 列表生成式
    list2= [x* x+ y* y for x in range(5)  for y in range(3)]
    print("list2= ",list2)

    # 生成器生成式
    maxRaws= 5  # 定义生成器生成规模(最大行数)
    maxCols= 3  # 定义生成器生成规模(最大列数)
    realNum= 8  # 定义生成器实际生成数量< = maxRaws* maxCols
    g2= (x* x+ y* y    for x in range(maxRaws)
                        for y in range(maxCols))
    realNum= 8  # 定义生成器实际生成数量
    data2= [next(g2) for n in range(realNum)]
    print("data2= ",data2)

def main():
    showGenerator()

main()
```

本实例中，[2 * n ** 2+3 for n in range(10)]是列表生成式，生成列表 list1=[3,5,11,21,35,53,75,101,131,165]。g1=(2 * n ** 2+3 for n in range(maxNum))是定义一个生成器 g1,maxNum 定义生成器生成规模（最大数量）。next(g1)启动生成器来生成列表，realNum 定义生成器实际生成数量。利用生成器 g1 生成列表为 data1=[3,5,11,21,35,53,75,101]。类似地，[x * x+y * y for x in range(5) for y in range(3)]是列表生成式，g2=(x * x+y * y for x in range(maxRaws) for y in range(maxCols))是定义一个生成器 g2。

从实例可知，只需要把列表生成式的[ ]改为( )，列表生成式就变为生成器。

注意： realNum 要不大于 maxNum，因为使用内置函数 next()启动生成器生成列表的元素长度不能大于生成器的生成规模。

3. 创建生成器方法

方式 1：生成器生成式。

把一个列表生成式的[]改成()，就创建了一个 generator。例如：

```
>>> List1 = [2 * n* * 2+ 3 for n in range(10)]
>>> g = (2 * n* * 2+ 3  for n in range(10))
```

[2 * n * * 2+3 for n in range(10)]为列表生成式，将[]换成()就可以创建一个生成器 g。

方式 2：生成器函数。

如果一个函数定义中包含 yield 关键字，那么这个函数就不再是一个普通函数，而是一个生成器函数。

调用普通函数执行完毕之后会返回一个值并退出，但是调用生成器函数会自动挂起，然后重新拾起继续执行，利用 yield 关键字挂起函数，给调用者返回一个值，同时保留了当前的足够多的状态，可以使函数继续执行。即在每次调用内置函数 next()的时候执行生成器函数，遇到 yield 语句返回，再次执行时从上次返回的 yield 语句处继续执行。

举例说明如下。

【实例 5.8】

```
# 程序名称:PBT5203.py
# 功能:生成器的定义方式演示
# ! /usr/bin/python
#  -* - coding: UTF - 8 -* -

maxNum= 10                   # 定义生成器生成规模(最大数量)
realNum= 8                   # 定义生成器实际生成数量
list1= [2* n* * 2+ 3 for n in range(maxNum)]
print("list1= ",list1)

# 方式 1:生成器表达式
g1= (2* n* * 2+ 3  for n in range(maxNum))
data1= [next(g1) for n in range(realNum)]
print("data1= ",data1)

# 方式 2:生成器函数
def createData(maxN):     # maxN 为最终迭代次数
    n= 0
    while n< maxN:
        an= 2* n* * 2+ 3
        yield an
        n= n+ 1

g2 =  createData(maxNum)
data2= [next(g2) for n in range(realNum)]
print("data2= ",data2)
```

说明： 方式 1 采取生成器表达式方式生成生成器 g1，方式 2 采取生成器函数方式生成生成器 g2。方式 2 中先定义生成器函数 createData()，然后调用该函数来生成生成器 g2。

4. 迭代器的特点

一般来说，迭代器具有以下特点：

(1) 按需计算。迭代器并不是把所有的元素提前计算出来，而是在需要的时候才计算返回。

(2) 省空间。比如存 10000 个元素，列表占用 80KB 左右。而生成器只占用了 56B。主要因为生成器具有按需计算的特点。

(3) 支持大数据。这个特点实际上是前面两个特点的衍生。

可以说，由于有了迭代器，Python 在大数据分析上具有独特的优势。当然，生成器也是一种迭代器，也具备上述特点。

5.2.2 生成器的函数或方法

1. _next_()方法和 next()内置函数

调用生成器函数来生成一个生成器 g 时，这个生成器对象就会自带一个 g._next_()方法，它可以开始或继续函数并运行到下一个 yield 结果的返回或引发一个 StopIteration 异常（这个异常是在运行到了函数末尾或者遇到了 return 语句的时候引起）。也可以通过 Python 的内置函数 next()来调用 X._next_()方法，结果都是一样的。

【实例 5.9】

```
# 程序名称:PBT5204.py
# 功能:next()和__next()__方法演示
# ! /usr/bin/python
#  -* - coding: UTF - 8 -* -

def gen():
     a =  yield 1
     b =  yield 2
     return 100

g1 =  gen()
n1 =  next(g1)
print("n1= ",n1)
n2 =  next(g1)
print("n2= ",n2)

g2 =  gen()
n3 =  g2.__next__()
print("n3= ",n3)
n4 =  g2.__next__()
print("n4= ",n4)
```

运行结果为：

```
n1= 1
n2= 2
n3= 1
n4= 2
```

2. send()方法

send()方法和 next()方法在一定意义上作用是相似的，都具有唤醒并继续执行的作用。但二者又有一定区别。send()可以传递 yield 的值，next()只能传递 None。所以 next

()和 send（None）作用是一样的。

从技术上讲，yield 是一个表达式，它是有返回值的，当使用内置的 next()函数或_next_()方法时，默认 yield 表达式的返回值为 None，使用 send（value）方法可以把一个值传递给生成器，使得 yield 表达式的返回值为 send()方法传入的值。

生成器刚启动时（第一次调用），请使用 next()语句或是 send（None），不能直接发送一个非 None 的值，否则会报 TypeError，因为没有 yield 语句来接收这个值。

send(msg)和 next()的返回值比较特殊，是下一个 yield 表达式的参数（如 yield 5，则返回 5）。

【实例 5.10】

```
# 程序名称:PBT5205.py
# 功能:send()方法演示
# ! /usr/bin/python
#  -* - coding: UTF - 8 -* -

def gen():
     a =  yield 1
     print('a= ', a)
     b =  yield 2
     print('b= ', b)
     c =  yield 3
     print('c= ',c)
     return 'It is over! '

g =  gen()
print('* * * * * * * * * * * * * * * * * * * * * * * * * * * * * * * * * ')
n1 = g.send(None)
print('第 1 个 yield 参数值为:', n1)
print('* * * * * * * * * * * * * * * * * * * * * * * * * * * * * * * * * * * ')
n2 =  g.send('The 2st send')
print('第 2 个 yield 参数值为:', n2)
print('* * * * * * * * * * * * * * * * * * * * * * * * * * * * * * * * * ')
n3 =  g.send('The 3st send')
print('第 3 个 yield 参数值为:', n3)
print('* * * * * * * * * * * * * * * * * * * * * * * * * * * * * * * * * ')

try:
     n4 = g.send('The 4st send')
except StopIteration:
     print('运行到末尾了,没有 yield 语句供继续运行! ')
finally:
     print('* * * * * * * * * * * * * * * * * * * * * * * * * * * * * * * * * ')
```

说明：本实例表明，yield 的返回值由 send()方法传入，send()方法或 next()方法的返回值为 yield 表达式的参数（如 yield 1，则返回 1）。

3. 生成器函数中的 return 语句

当生成器运行到了 return 语句时，会抛出 StopIteration 的异常，异常的值就是 return 的值；另外，即使 return 后面有 yield 语句，也不会被执行。

4. close()方法与 throw()方法

一个生成器对象也有 close()方法与 throw()方法，可以使用它们提前关闭一个生成器或抛出一个异常；使用 close()方法时，它本质上是在生成器内部产生了一个终止迭代的 GeneratorExit 异常。throw()方法通过抛出一个 GeneratorExit 异常来终止 Generator。

5.2.3 生成器应用举例

这里举例说明如何利用生成器函数生成特殊数列。

数列 1：

$$a(n)=p\cdot a(n-1)+q$$

p=1 时为等差数列。

p=2，q=1 时为汉诺塔数列。

数列 2：

$$a(n)=p\cdot a(n-2)+q\cdot a(n-1)$$

p=1，q=1 时为斐波那契数列。

数列 3：

$$a(n)=p\cdot a(n-3)+q\cdot a(n-2)+w\cdot a(n-1)$$

【实例 5.11】

```
# 程序名称:PBT5206.py
# 功能:生成器的应用:特殊数列
# ! /usr/bin/python
# -* - coding: UTF - 8 -* -


# 定义全程变量
maxNum= 10  # 定义生成器生成规模(最大数量)
realNum= 8  # 定义生成器实际生成数量


def  callListExpr():
  # 列表生成式
  list1= [2* * (n+ 1)- 1 for n in range(maxNum)]
  print("list1= ",list1)


def  callGenerateorExpr():
  # 方式 1:生成器表达式
  g1= (2* * (n+ 1)- 1  for n in range(maxNum))
  data1= [next(g1) for n in range(realNum)]
```

```
print("data1= ",data1)

# 方式 2:生成器函数
# a(n)= p* a(n- 1)+ q
# 假定序列初始两个元素为 1
# maxN 为最终迭代次数
def fun1(maxN,p,q):
 n,f1 = 0,1
 while n < maxN:
     yield f1
     f1= p* f1+ q
     n = n+ 1
 return 'done'

# a(n)= p* a(n- 1)+ q* a(n- 2)
# 假定序列初始两个元素为 1,1
# maxN 为最终迭代次数
def fun2(maxN,p,q):
    n,f0,f1 = 0,1,1
    while n < maxN:
        if n > 0:
            yield f1
            f0,f1 = f1,p* f0+ q* f1
        else:
            yield f0
        n = n+ 1
    return 'done'

# a(n)= p* a(n- 1)+ q* a(n- 2)+ w* a(n- 3)
# 假定序列初始两个元素为 1,2,3
# maxN 为最终迭代次数
def fun3(maxN,p,q,w):
    n,f0,f1,f2 = 0,1,2,3
    while n < maxN:
        if n= = 0:
            yield f0
        elif n= = 1:
            yield f1
        else:
            yield f2
            f0,f1,f2 = f1,f2,p* f0+ q* f1+ w* f2
        n = n+ 1
```

```
        return 'done'

    def main():
     g1= fun1(maxNum,2,1)     # p= 2,q= 1时为汉诺塔数列
     data1= [next(g1) for n in range(realNum)]
     print("data1= ",data1)

     g2= fun2(maxNum,1,1)     # p= 1,q= 1时为斐波拉契数列
     data2= [next(g2) for n in range(realNum)]
     print("data2= ",data2)

     g3= fun3(maxNum,1,1,1)  #
     data3= [next(g3) for n in range(realNum)]
     print("data3= ",data3)

    main()
```

运行后输出结果为：

```
data1= [1, 3, 7, 15, 31, 63, 127, 255]
data2= [1, 1, 2, 3, 5, 8, 13, 21]
data3= [1, 2, 3, 6, 11, 20, 37, 68]
```

5.3 本 章 小 结

本章主要介绍迭代、可迭代对象、迭代器的含义以及 iter()和 next()函数的作用及应用，介绍了生成器的含义，定义生成器的几种方式。对每个知识点均配以实例来说明。

5.4 思考和练习题

1. 如何判断一个对象是可迭代对象？
2. 如何判断一个对象是迭代器？
3. 如何将可迭代对象转换为迭代器？
4. 自定义一个列表生成式，并访问生成的数据。
5. 以列表生成式为基础定义一个生成器，并调用生成器，生成所需数据。
6. 自定义迭代器生成函数，计算数列($f(n)=f(n-4)+2f(n-3)+3f(n-2)+4f(n-1)$)，初始值为1，2，3，4。

Python

第6章 面向对象程序设计

Python 语言是面向对象程序设计语言。类是某些对象的共同特征（属性和方法）的表示，对象是类的实例。类是组成 Python 程序的基本要素；类封装了一类对象的状态和方法；类是用来定义对象的模板。类之间的继承关系反映了类之间的内在联系以及对属性和方法的共享，即子类可以沿用父类（被继承类）的某些特征。

本章学习目标

- 理解类的含义及创建。
- 理解并掌握类中成员变量和方法的分类及使用。
- 理解对象的含义、创建方法和引用。
- 理解类的成员变量和方法与对象的成员变量与方法的区别。
- 理解并掌握继承的含义及使用。

6.1 类和对象

6.1.1 类和对象概述

在面向对象程序设计中，对象是客观事物的属性和行为密封成的一个整体。类是某些对象的共同特征（属性和方法）的表示，对象是类的实例。类封装了一类对象的状态和方法。类是用来定义对象的模板。可以用类创建对象，当使用一个类创建一个对象时，就是给出了这个类的一个实例。

1. 类的定义

在语法上，类由两部分构成，即类声明和类体。类声明部分包括 class 关键字、类名和冒号（:）。class 关键字和类名之间有空格。类体由统一缩进的部分组成，缩进部分包括成员变量和成员方法。成员变量和成员方法统称成员。

基本格式如下所示。

```
class 类名 [(父类名)] :
```

零个到多个成员变量...
零个到多个方法...

例如：

```
class MyBox:
  radius= 1.0
def area(self):
     return self.radius* self.radius* 3.14
```

说明： 类 MyBox 包含成员变量 radius 和一个方法 area()。

值得指出的是，类体可以为空，如下所示：

```
class Empty:
     pass
```

通常来说，空类没有太大的实际意义。

类中各成员之间的定义顺序没有任何影响，各成员之间可以相互调用。

2. 对象的创建和使用

对象是类的实例。创建对象的语法格式如下所示：

```
对象名=类名();              //创建对象
```

创建对象后，便可以访问对象的成员（变量和方法）。访问格式为：

```
对象.变量|方法(参数)
```

示例如下所示：

```
mybox =  MyBox()
mybox.radius;               //引用 mybox 的成员变量 radius
mybox.area();               //调用 mybox 的方法 area()
```

以上定义了 MyBox 类的一个对象 mybox，访问对象的成员变量 radius 和方法 area()。

3. 成员的访问

在 Python 中，类中定义的成员变量和方法有的属于类（即类的成员变量和方法），有的属于对象（即实例变量和实例方法）。

对属于类的成员变量和方法，采取“类名.变量|方法(参数)”的形式访问，对属于对象的成员变量和方法采取“对象名.变量|方法(参数)”的形式访问。

Python 语言是一种动态语言，没有前缀“类名.”或“对象名.”，就很难区别变量和方法的归属。同时 Python 允许在程序中视情况可动态增加和删除成员变量和方法。详见本章成员变量、成员方法和成员增加与删除部分。

【实例 6.1】

自定义一个长方形 MyBox，包含两个成员变量 width 和 height，以及求周长和面积的方法等。然后以类 MyBox 为基础创建对象来演示方法的使用、属性的获取等。

```
# 程序名称:PBT6101.py
```

```
# 功能:类的定义使用初步
# ! /usr/bin/python
# -*- coding: UTF-8 -*-

class MyBox:    # 自定义圆类
  width= 0.0
  height= 0.0
  def init(self,width1= 1.0,height1= 1.0):
        self.width= width1
        self.height= height1

  def setValue(self,width1,height1):
        self.width= width1
        self.height= height1

  def getWidth(self):
        return self.width

  def getHeight(self):
        return self.height

  def area(self):
        return self.height* self.width

  def perimeter(self):
        return 2* (self.height+ self.width)

def main():
  obj= MyBox()
  print("初始长方形的信息")
  print("width= ",obj.getWidth())
  print("height= ",obj.getHeight())
  print("周长= ",obj.perimeter())
  print("面积= ",obj.area())
  obj.setValue(3,3)
  print("重新设置后长方形的信息")
  print("width= ",obj.getWidth())
  print("height= ",obj.getHeight())
  print("周长= ",obj.perimeter())
  print("面积= ",obj.area())

main()
```

运行后输出结果为：

```
初始长方形的信息
width= 2
height= 2
周长= 8
面积= 4
重新设置后长方形的信息
width= 3
height= 3
周长= 12
面积= 9
```

说明： 在 MyBox 中定义了两个成员变量：width 和 height，五个方法：setValue()、getWidth()、getHeight()、area()和 perimeter()。

6.1.2 成员变量

1. 成员变量概述

类中的变量可分为成员变量和非成员变量两种。非成员变量是在方法体中定义的局部变量和方法的参数。成员变量描述了类和对象的状态（或属性）。对成员变量的操作实际上就是改变对象的状态（或属性），使之满足程序的需要。成员变量可分为属于类的变量（类变量）和属于对象的变量（实例变量）。每种类型的变量又可分为私有变量和公共变量。

除在类体中方法之外定义成员变量时不要前缀“类名.”外，其他地方定义（包括增加和删除）的成员变量时必须加前缀“类名.”或“对象名.”，否则定义的是非成员变量。

在类体中可定义多个成员变量，但同一类中，各成员变量不能同名。

2. 类变量和实例变量

类变量属于类本身，用于定义类本身所包含的状态数据。类变量包括类体中方法之外定义的变量，方法中以“类名.变量＝值”形式定义的变量，也包括类外以“类名.变量＝值”形式定义的变量。

实例变量则属于该类的对象，用于定义对象所包含的状态数据。实例变量包括类体中方法内以“对象名．变量＝值”形式定义的变量，也包括类外以“对象名．变量＝值”形式定义的变量。一般说来，实例变量在构造方法_init_()中创建。有关构造方法_init_()将在后面介绍。

3. 成员变量的归属

Python 中采取“xxx.变量＝值”形式定义（包括增加）的成员变量究竟属于类变量还是实例变量，取决于“xxx”是对象名还是类名。“xxx”是类名，则是类变量；“xxx”是对象名，则是实例变量。Python 语言是一种动态语言，同一名称的成员变量，可能随着“xxx”的不同，其归属也会发生变化。

成员变量采取“xxx.变量”形式访问，这里“xxx”可以是对象名，也可以是类名。对于类变量，一般采取“类名.变量”，同时在访问时如果没有与之对应的“对象名.变量”

式的实例变量存在的前提下，也可采取“对象名.变量”形式访问。

【实例 6.2】

```
# 程序名称:PBT6102.py
# 功能:成员变量的访问
# -*- coding: UTF-8 -*-

class Researcher:
    workno= "123"                                          # L1:成员变量
    def publish(self,str1):
        self.author= str1                                  # L2:成员变量
        temp= 0                                            # L3:非成员变量
        print("成员变量 author 属于:",str1)

def main():
    print("Researcher.workno= ", Researcher.workno)     # L4
    researcher = Researcher()                           # L5
    print("researcher.workno= ", researcher.workno)     # L6
    print("Researcher.workno= ", Researcher.workno)     # L7
    researcher.workno= "20050000"                       # L8
    print("researcher.workno= ", researcher.workno)     # L9
    print("Researcher.workno= ", Researcher.workno)     # L10

    Researcher.publish(Researcher,"类 Researcher ")     # L11
    print("Researcher.author= ",Researcher.author)      # L12
    researcher.publish("对象 researcher ")               # L13
    print("researcher.author= ", researcher.author)     # L14

main()
```

运行后输出结果为：

```
Researcher.workno=  123
researcher.workno=  123
Researcher.workno=  123
researcher.workno=  20050000
Researcher.workno=  123
成员变量 author 属于: 类 Researcher
Researcher.author= 类 Researcher
成员变量 author 属于: 对象 researcher
researcher.author= 对象 researcher
```

说明：

(1) #L1 和#L2 处用于定义或增加成员变量，#L3 定义一个局部变量。

(2) Python语言时动态语言，成员变量的归属是动态变化的。在#L4，Researcher.workno访问类的成员变量。#L5创建对象方法researcher()。截至目前workno是类变量，采取“类名.变量”或“对象名.变量”形式访问，如#L6和#L7处。#L8处增加一个属于对象researcher的成员变量researcher.workno，此时类Researcher也有成员变量Researcher.workno，因此#L9和#L10分别访问researcher的成员变量researcher.workno和类Researcher的成员变量Researcher.workno。

(3) #L11处调用方法publish()，增加类Researcher的成员变量Researcher.author。#L13处调用方法publish()，增加对象researcher的成员变量researcher.author。从这里可以看出，单纯从#L2处的self.author=str1很难说成员变量是类变量还是实例变量。

4. 私有变量和公共变量

成员变量可分为私有变量和公共变量。私有变量以“双下划线”为开始（如_xx）。公有变量可以“对象.变量”或“类名.变量”形式访问，但私有变量不能通过这种方式访问。私有变量可通过类或对象能访问的方法间接访问。

Python并没有对私有成员提供严格的访问保护机制。私有变量在类的外部不能直接访问，需通过调用类或对象可访问成员方法来访问，或者通过Python支持的特殊方式来访问。Python提供了访问私有变量的特殊方式，可用于程序的测试和调试，对于成员方法也有同样性质。

举例说明如下。

【实例6.3】

```
# 程序名称:PBT6103.py
# 功能:私有变量和公共变量
# -*- coding: UTF-8 -*-

class MyStudent:
    __classidea= "勤奋"        # 班级理念:私有变量
    totalnum= 0               # 统计班级人数:公共变量
    classno= "201700"         # 班级编号:公共变量
    def __init__(self):
        self.stdno= ""
        self.stdname= ""
        self.__stdDiseaseStatus= ""
        MyStudent.totalnum= MyStudent.totalnum+ 1

    def setStudentInfo(self,no1,name1,status1):
        self.stdno= no1
        self.stdname= name1
        self.__stdDiseaseStatus= status1

    def setClassInfo(idea1,no1):
        MyStudent.__classidea= idea1
```

```
        MyStudent.classno= no1

    def getClassIdea():
        return MyStudent.__classidea

    def getDiseaseStatus(self):
        return self.__stdDiseaseStatus

def main():
    print("class.__classidea= ",MyStudent.getClassIdea())   # 访问私有变量
    print("class.totalnum= ",MyStudent.totalnum)             # 访问公共变量
    print("class.classno= ",MyStudent.classno)               # 访问公共变量

    MyStudent.setClassInfo("勤奋好学","201701")
    print("class.__classidea= ",MyStudent.getClassIdea())   # 访问私有变量
    print("class.totalnum= ",MyStudent.totalnum)             # 访问公共变量
    print("class.classno= ",MyStudent.classno)               # 访问公共变量

    obj1= MyStudent()
    obj1.setStudentInfo("20170101","张三",{"高血压"})
    print("class.totalnum= ",MyStudent.totalnum)             # 访问公共变量
    print("object.stdno= ",obj1.stdno)                       # 访问公共实例变量
    print("object.stdname= ",obj1.stdname)                   # 访问公共实例变量
    print("object.__stdDiseaseStatus= ",obj1.getDiseaseStatus())
                                                             # 访问私有实例变量

    obj2= MyStudent()
    obj2.setStudentInfo("20170102","里斯",{"高血压","胃病"})
    print("class.totalnum= ",MyStudent.totalnum)             # 访问公共变量
    print("object.stdno= ",obj2.stdno)                       # 访问公共实例变量
    print("object.stdname= ",obj2.stdname)                   # 访问公共实例变量
    print("object.__stdDiseaseStatus= ",obj2.getDiseaseStatus())
                                                             # 访问私有实例变量

main()
```

运行后输出结果为：

```
class.__classidea= 勤奋
class.totalnum= 0
class.classno= 201700
class.__classidea= 勤奋好学
class.totalnum= 0
```

```
class.classno= 201701
class.totalnum= 1
object.stdno= 20170101
object.stdname= 张三
object.__stdDiseaseStatus= {'高血压'}
class.totalnum= 2
object.stdno= 20170102
object.stdname= 里斯
object.__stdDiseaseStatus= {'胃病', '高血压'}
```

说明：

（1）本实例定义一个学生类，对一个班的学生来说，班级号 classno、班级理念 _classidea是公有属性，每个学生有独特的学号 stdno、姓名 stdname 和疾病史 _stdDiseaseStatus。_classidea 和_stdDiseaseStatus 为私有变量，其他为公共变量。

（2）_init_()为构造方法，创建对象时调用构造方法来对实例化对象。因此，在该方法中增加语句“MyStduent. totalnum＝MyStduent. totalnum＋1”可记录以类为基础创建对象的数量。关于构造方法后面还会专门讲述。

（3）私有变量_classidea 和_stdDiseaseStatus 在类外不能以“对象．变量”或“类名．变量”形式直接访问，但可借助能访问的方法 getClassIdea()或 getDiseaseStatus()间接访问。

6.1.3 成员方法

1. 成员方法的分类

在 Python 中，方法的定义和函数的定义类似，使用 def 关键字来定义一个方法。类的成员方法可以按照不同标准进行分类。

从是否包含特定标识符角度，成员方法可以分为静态方法、类方法、抽象方法和其他方法。静态方法是以@staticmethod 标识的方法，类方法是以@classmethod 标识的方法。抽象方法是以@abstractmethod 标识的方法。其他方法是指没有这些修饰符标识的方法。为表述起见，本书将其他方法称为普通方法。

从访问权限角度，成员方法又可分为公共方法和私有方法。私有方法是类中那些以两个下划线“ _ ”开头的方法。

例如：

```
class  MyClass:
      @  staticmethod
      def fun11():
          Print("@  staticmethod型公共方法()")
      @  staticmethod
      def __fun12():
          Print("@  staticmethod型私有方法()")
      @  classmethod
      def fun21():
```

```
            Print("@ classmethod型公共方法()")
        def __fun22():
            Print("@ classmethod型私有方法()")
        def __fun3():
            Print("私有方法()")
        def  fun4():
            Print("公共方法()")
```

以上 fun11()为公共静态方法，_fun12()为私有静态方法，fun21()为公共类方法，_fun12()为私有类方法，_fun3()为私有方法，fun4()为公共方法。

2. 成员方法的调用

在 Python 中，视情况不同，成员方法分别采取“类名. 成员”和“对象名. 成员”形式调用。以下分情况具体讲述成员方法的调用。

(1) 绑定式调用和非绑定式调用。

所谓绑定式调用就是在调用时自动将调用者绑定到被调用方法的第一个参数 self 的调用方式。按照习惯，一般将这种调用方式下的形参的第一个参数命名为 self，self 参数代表当前调用者。由于这种绑定是自动执行的，因此不需要给第一参数显式地传值。这样，从形式上看，采取这种形式调用时实参比形参少 1 个参数。非绑定式调用就是在调用时不会将调用者绑定到被调用方法的第一个参数 self 的调用方式。图 6.1 显示了不同调用方式下形参与实参的对应关系。

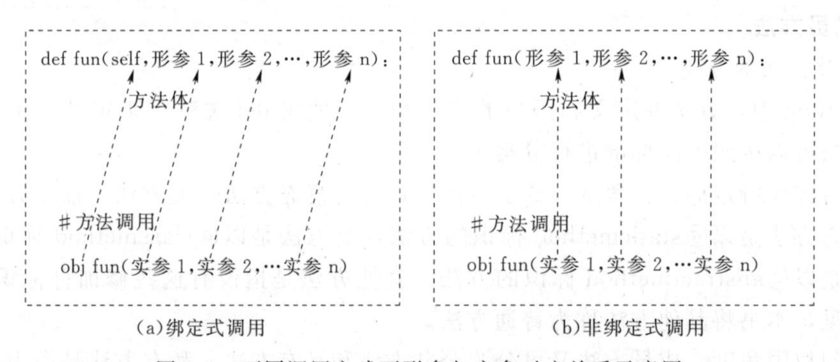

图 6.1　不同调用方式下形参与实参对应关系示意图

(2) 普通方法的调用。

当采取“xxx. 方法()”方式调用时，如果“xxx”是一个对象名或实质性地与一个对象对应，那么 Python 按照绑定式调用方式调用方法，系统自动将调用者绑定到被调用方法的第一形参 self。在类外，“xxx. 方法()”形式的具体表现为“对象名. 方法()”；类内“xxx. 方法()”形式的具体表现为“self. 方法()”，这里的 self 与某个对象是一一对应的，因此实质上也是“对象名. 方法()”的调用形式，故此统称为“对象名. 方法()”调用方式。“对象名. 方法()”调用是一种绑定式调用。

值得指出的是，self 参数值是在调用时才能具体确定，当对象 A 调用方法时，self 参数值就与对象 A 对应，当对象 B 调用方法时，self 参数值就与对象 B 对应，依次类推。

“类名. 方法()”的调用方式是非绑定式调用。因此，对一个方法而言，如果设计者在定义时约定第一个参数 self 是用来接收采取“对象名.方法()”调用方式自动绑定的对象名，那么采取“类名.方法()”调用类中这类含有 self 参数的方法时，由于系统不会将调用者自动绑定到被调用方法的第一个形参 self 参数，因此为了正确调用方法得到预期结果，要求实参和形参实质性地一致，此时必须显式地给 self 参数传递一个值（否则参数数量不一致），明确指定 self 与谁对应，传递的值可能是某个对象名，也可能是类名，如图 6.2 所示。

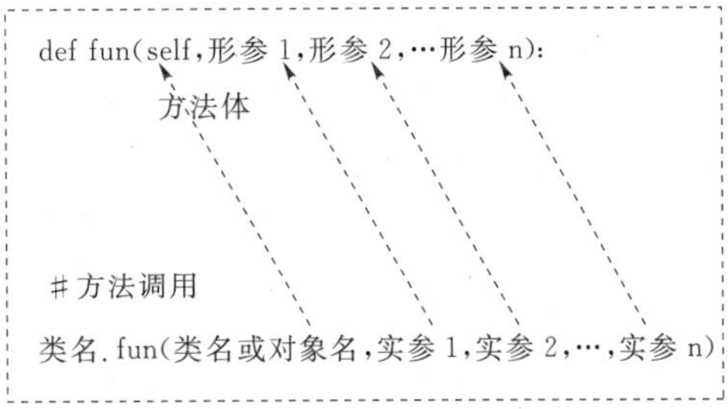

```
def fun(self,形参 1,形参 2,…形参 n):
    方法体

#方法调用
类名.fun(类名或对象名,实参 1,实参 2,…,实参 n)
```

图 6.2　类名．方法（）调用下形参与实参对应关系示意图

类中私有方法不能采取“对象名.方法()”或“类名.方法()”形式直接调用，但可在类中通过一个可访问的方法间接调用。

提示： self 的名字并不是固定不变的，原则上可以使用任何名称，只是约定俗成地把该参数命名为 self，这样具有较好的可读性。本书中的 self 参数特指在绑定式调用下接收自动传递值的第一个形参。在非绑定式调用下则需显示地给 self 传递值。

（3）静态方法和类方法的调用。

静态方法和类方法都可以通过“类名.方法()”或“对象名.方法()”方式调用，但不能直接访问属于对象的成员，只能访问属于类的成员。静态方法和类方法不属于任何实例，不会绑定到任何实例，当然也不依赖于任何实例的状态，与实例方法相比能够减少很多开销。

类方法一般以 cls 作为类方法的第一个参数表示该类自身，在调用类方法时不需要为该参数传递值，静态方法则可以不接收任何参数。

综上，调用普通方法时，一定要分清楚调用是绑定式调用还是非绑定式调用，绑定式调用会自动将调用者绑定到被调用方法的第一个参数 self。在此基础上，要正确地明确形参和实参的对应关系，因为 Python 中一切皆是对象，只要形参和实参的数量实质上相同，调用总可进行的，但如果一个形参与对应实参在位置上没有对应好的话，就可能出现预期不到的结果。

因此，任何方法均可采取“类名.方法()”方式调用，有些方法不能采取“对象名.方法()”方式调用。实际应用中，为方便简化起见，将能被对象调用的方法的第一形参命名为 self，对这类包含 self 参数的方法，采取“对象名.方法()”方式调用时会自动将对象传递给 self 参数，采取“类名.方法()”方式调用时必须显式地给 self 参数传递一个名称（对象名或类名），用来明确 self 与谁对应。而那些没有 self 参数的方法就不能采取“对象名.方法()”方式调用。

【实例 6.4】

```
# 程序名称:PBT6104.py
# 功能:私有变量和公共变量
# -*- coding: UTF-8 -*-
class MyStudent:
```

```
    __classidea= "勤奋"   # 班级理念:私有类变量
    totalnum= 0          # 统计班级人数:公共类变量
    classno= "201700"    # 班级编号:公共类变量
    def __init__(self):
        self.stdno= ""
        self.stdname= ""
        self.__stdDiseaseStatus= ""
        MyStudent.totalnum= MyStudent.totalnum+ 1

    def setStudentInfo(self,no1,name1,status1):
        self.stdno= no1
        self.stdname= name1
        self.__stdDiseaseStatus= status1

    def testCallObject1(self,str1):
        print("testCallObject1:str1= ",str1)
        self.testCallObject2(str1)

    def testCallObject2(self,str1):
        print("testCallObject2:str1= ",str1)

    def setClassInfo(idea1,no1):
        MyStudent.__classidea= idea1
        MyStudent.classno= no1

    def getClassIdea():
        return MyStudent.__classidea

    def getDiseaseStatus(self):
        return self.__stdDiseaseStatus

    @staticmethod
    def showTotal():
        MyStudent.__showTotalnum()

    @staticmethod
    def __showTotalnum():
        print("Totalnum",MyStudent.totalnum)

    @classmethod
    def showClassno1(cls):
        cls.__showClassno()
```

```
    @ classmethod
    def __showClassno(cls):
        print("Classno",cls.classno)

def main():
    print("class.__classidea= ",MyStudent.getClassIdea())    # 访问私有类变量
    # MyStudent.__showTotalnum()
    # MyStudent.showTotal()

    MyStudent.showClassno1()
    # print("class.totalnum= ",MyStudent.totalnum)           # 访问公共类变量
    # print("class.classno= ",MyStudent.classno)             # 访问公共类变量

    MyStudent.setClassInfo("勤奋好学","201701")
    print("class.__classidea= ",MyStudent.getClassIdea())    # 访问私有类变量
    print("class.totalnum= ",MyStudent.totalnum)             # 访问公共类变量
    print("class.classno= ",MyStudent.classno)               # 访问公共类变量

    obj1= MyStudent()
    obj1.testCallObject1("test")
    obj1.setStudentInfo("20170101","张三",{"高血压"})
    print("class.totalnum= ",MyStudent.totalnum)             # 访问公共类变量
    print("object.stdno= ",obj1.stdno)                       # 访问公共实例变量
    print("object.stdname= ",obj1.stdname)                   # 访问公共实例变量
    print("object.__stdDiseaseStatus= ",obj1.getDiseaseStatus())
                                                             # 访问私有实例变量

    obj2= MyStudent()
    # obj2.setStudentInfo("20170102","里斯",{"高血压","胃病"})
    MyStudent.setStudentInfo(obj2,"20170102","里斯",{"高血压","胃病"})
    print("class.totalnum= ",MyStudent.totalnum)             # 访问公共类变量
    print("object.stdno= ",obj2.stdno)                       # 访问公共实例变量
    print("object.stdname= ",obj2.stdname)                   # 访问公共实例变量
    print("object.__stdDiseaseStatus= ",obj2.getDiseaseStatus())
                                                             # 访问私有实例变量

main()
```

运行后输出结果为：

```
class.__classidea= 勤奋
Classno 201700
```

```
class.__classidea= 勤奋好学
class.totalnum= 0
class.classno= 201701
testCallObject1:str1= test
testCallObject2:str1= test
class.totalnum= 1
object.stdno= 20170101
object.stdname= 张三
object.__stdDiseaseStatus= {'高血压'}
class.totalnum= 2
object.stdno= 20170102
object.stdname= 里斯
object.__stdDiseaseStatus= {'高血压', '胃病'}
```

说明：

(1) 本实例中 showClassno1()和_showClassno1()为类方法 (@classmethod)，showTotal()和_showTotalnum()为静态方法(@staticmethod)。getDiseaseStatus(self)和 setStudentInfo(self,no1,name1,status1)为实例方法。_init_(self)为构造方法。_showClassno1()和_showTotalnum()为私有方法。

(2) 实例方法既可采取"对象名.方法()"方式调用，也可采取"类名.方法()"方式调用，后者必须形式给 self 参数传递一个对象名。如：

```
MyStudent.setStudentInfo(obj2,"20170102","里斯",{"高血压","胃病"})
```

(3) 静态方法和类方法只能访问类成员。

(4) 类中方法之间可以相互调用，但要注意实参和形参之间的对应关系。"对象名.方法 ()"或"self.方法 ()"调用会自动将对象绑定到形参的第一个参数，对这种类型的调用，实参比形参少一个参数。

3. 构造方法

类中，_init_()是一个特殊的方法，称为构造方法。以类为基础创建对象时，会自动调用构造方法，同时会将对象名自动绑定构造方法的第一个形参 self，Python 通过调用构造方法对类实例化。构造方法是一个类创建对象的根本途径。

在类的定义中可以没有显式定义的构造方法_init_()，此时调用只包含一个 self 参数的默认构造方法来创建对象。

除了在以类为基础创建对象时自动调用构造方法外，程序也可以采取"对象名.方法()"或"类名.方法()"的方式调用构造方法，这点与 Java 语言有别。

举例说明如下。

【实例 6.5】

```
# 程序名称:PBT6106.py
# 功能:演示构造函数
# -*- coding: UTF-8 -*-
```

```
class MyClass:
    num= 0
    def __init__(self):
        print("call __init__(self)")
        self.varx= "123"
        MyClass.num= MyClass.num+ 1
        print("num= ",MyClass.num)

def main():
    obj1= MyClass()                              # L1
    obj2= MyClass()                              # L2
    obj3= MyClass()                              # L3
    print(type(obj1))                            # L4
    print(type(MyClass))                         # L5
    obj1.__init__()                              # L6
    print("obj1.varx= ",obj1.varx)               # L7
    # print("MyClass.varx= ",MyClass.varx)       # L8
    MyClass.__init__(MyClass)                    # L9
    print("obj1.varx= ",obj1.varx)               # L10
    print("MyClass.varx= ",MyClass.varx)         # L11

main()
```

运行后输出结果为：

```
call __init__(self)
num=  1
call __init__(self)
num=  2
call __init__(self)
num=  3
< class '__main__.MyClass'>
< class 'type'>
call __init__(self)
num=  4
obj1.varx=  123
call __init__(self)
num=  5
obj1.varx=  123
MyClass.varx=  123
```

说明：

(1) #L1、#L2和#L3处创建三个对象，每次创建都会自动调用构造方法_init_()。

(2) #L4 和#L5，进行类型验证，<class 'type'> 指的是一种 class 类型，<class '_main_. MyClass '> 指的是类 MyClass 的一个 instance。

(3) #L6 处对象 obj1 调用构造方法_init_()，对象 obj1 有成员变量 obj1. varx，因此#L7 处访问是允许的，但此时类 MyClass 还有成员 MyClass. varx，因此#L7 处访问是不允许的。

(4) #L9 处类 MyClass 调用构造方法_init_()，类 MyClass 增加了成员变量 MyClass. varx，因此#L11 处访问是不允许的。#L10 处访问的对象 obj1 的成员变量 obj1. varx。#L11 处访问的类 MyClass 的成员变量 MyClass. varx。

4. 析构方法

在实例方法中还有一个特别的方法：_del_()，这个方法被称为析构方法。析构方法用于释放内存空间。当使用 del 删除对象时，会调用它本身的析构方法，另外当对象在某个作用域中调用完毕，在跳出其作用域的同时析构方法也会被调用一次，这样可以用来释放内存空间。

del()也是可选的，如果不提供，则 Python 会在后台提供默认析构方法。如果要显式地调用析构方法，可以使用 del 关键字，方式如下：

```
del 对象名
```

举例说明如下。

【实例 6.6】

```
# 程序名称:PBT6107.py
# 功能:演示析构函数
#  -*- coding: UTF-8 -*-

class MyClass:
    num= 0
    def __init__(self):
        print("call __init__(self)")
        MyClass.num= MyClass.num+ 1
        print("num= ",MyClass.num)

    def __del__(self):
        print("call __del__(self)")
        if MyClass.num> 0 :  MyClass.num= MyClass.num- 1
        print("num= ",MyClass.num)

def main():
    obj1= MyClass()
    obj2= MyClass()
    obj3= MyClass()
    del obj1
```

```
    del obj2
    del obj3

main()
```

运行后输出结果为：

```
call __init__(self)
num= 1
call __init__(self)
num= 2
call __init__(self)
num= 3
call __del__(self)
num= 2
call __del__(self)
num= 1
call __del__(self)
num= 0
```

6.1.4 成员增加与删除

Python 是一门动态语言，类中的成员可以动态增加或删除。程序中可根据需要在适当位置通过"类.成员＝值""对象名.成员＝值"的赋值方式可以动态增加成员，通过"del 类.成员""del 对象名.成员"形式动态删除成员。

1. 增加、删除成员的变量

增加成员变量的格式如下：

```
类名.成员变量= 值
对象名.成员变量= 值或 self.成员变量= 值
```

例如：

```
MyStudent.classidea= "勤奋好学"   # L7
```

给类 MyStudent 增加成员变量 classidea

又如：

```
del self.stdname # L1
```

给 self 对应的对象增加成员变量 stdname。

删除成员变量的格式如下：

```
del  类名.成员变量
```

或 del 对象名.成员变量 或 del self 成员变量

例如：

```
del self.stdname # L1
```

删除 self 对应的对象的成员变量 stdname。

2. 增加、删除成员的方法

先定义一个方法。如：

```
def funObject1(self,str1):
print("Object= ", self,"  方法= ",str1)
```

然后，将方法绑定到类或对象。如：

```
# 动态绑定方法到对象
obj.funObj1 =  funObject1   # L9
```

然后，调用方法。如：

```
obj.funObj1(obj,"funObj1")  # L10
```

由于外部调用绑定方法，Python 不会自动将调用者绑定到第一个参数，因此程序需要手动将调用者绑定为第一个参数。

举例说明如下。

【实例 6.7】

```
# 程序名称:PBT6108.py
# 功能:类的变量和方法增加、删除
# -*- coding:UTF-8 -*-
class MyStudent:    # 自定义类
    classno= "201701"
    def __init__(self,stdname= "",stdno= "",sex= ""):
        self.stdname= stdname
        self.stdno= stdno
        self.sex= sex

    def printInfo(self):
        print("stdname= ",self.stdname)
        print("stdno= ",self.stdno)
        print("sex= ",self.sex)

    def setInfo(self,stdname,stdno,sex):
        self.stdname= stdname
        self.stdno= stdno
        self.sex= sex

    def testDel(self):
        print("删除前 stdname= ",self.stdname)
        del self.stdname
        # print("删除后 stdname= ",self.stdname)        # 删除后,再访问就会出错
```

```
        self.stdname= "珊珊"
        print("删除后又增加后 stdname= ",self.stdname)  # 增加后,能访问

    def showClassIdea():
            print("MyStudent.classidea= ",MyStudent.classidea)

    def  callFunCls1(str1):
        MyStudent.funCls1(str1)

def main():
    obj= MyStudent()
    obj.printInfo()
    obj.setInfo("张三","1701","女")
    obj.printInfo()
    # del obj.stdname
    # obj.printInfo()
    # obj.setInfo("张三","1701","女")
    # obj.printInfo()
    obj.testDel()
    # MyStudent.showClassIdea()  # 调用出错,因为 classidea 没定义
    MyStudent.classidea= "勤奋好学"
    MyStudent.showClassIdea()      # 调用正确,增加了 classidea

    # 增加实例方法
    def funObject1(self,str1):
        print("Object= ", self,"  方法= ",str1)
    # 动态绑定方法到对象
    obj.funObj1 =  funObject1
    # 调用绑定方法
    # Python 不会自动将调用者绑定到第一个参数,
    # 因此程序需要手动将调用者绑定为第一个参数
    obj.funObj1(obj,"funObj1")  #  ①

    # 增加非实例方法
    def funClass1(str1):
        print("方法= ",str1)
    # 动态绑定方法到类
    MyStudent.funCls1=  funClass1
    # 调用绑定方法
    MyStudent.funCls1("类外调用 MyStudent.funCls1")
    MyStudent.callFunCls1("类内调用 MyStudent.funCls1")
```

```
main()
```

说明：

(1) Python 是一门动态语言，类中的成员可以动态增加或删除。因此在没有定义或增加前或删除后，访问类中的成员是不行的。

本实例，#L4 创建对象时自动调用构造方法_init_()增加了三个属于对象的成员变量，因此在#L5 处调用 printInfo(self)是允许的。#L6 处如果调用 MyStudent. showClassIdea()就会出错，因为类的成员变量 classidea 没有定义或增加，#L7 处给类增加一个成员变量 classidea，因此#L8 处的调用是可以的。

#L11 调用时也会出现问题，因为类外定义的方法 funClass1()还没有绑定到类。#L12处将方法 funClass1()绑定到类 MyStudent，即给类增加成员方法 funCls1()，这样在类外(#L13)和类内(#L14)都可以调用方法 funCls1()。

(2) #L9 处在类外部给对象绑定方法时，Python 不会自动将调用者绑定到第一个参数，因此程序需要手动将调用者绑定为第一个参数，如 obj. funObj1(obj,"funObj1")(#L10)。

(3) del()方法删除成员后，成员不再能访问。但以后可以增加，增加后成员又可访问。如#L1 处删除 staname，#L2 处访问会出错，#L3 处又增加 staname。

6.2 继　　承

6.2.1 继承的含义

类之间的继承关系反映了类之间的内在联系以及对属性和方法的共享，即子类可以沿用父类（被继承类）的某些特征。当然，子类也可以具有自己独立的属性和操作。例如，飞机、汽车和火车属于交通工具类，汽车类继承了交通工具类的某些属性和方法，也具有自己独立的属性和操作。

因此，Python 中继承实际上是一种基于已有的类创建新类的机制，是软件代码复用的一种形式。利用继承，首先创建一个共有属性和方法的一般类（父类或超类），然后基于该一般类再创建具有特殊属性和方法的新类（子类），新类继承一般类的状态和方法，并根据需要增加它自己的新的状态和行为。

父类可以是自己编写的类，也可以是 Python 类库中的类。如果子类只从一个父类继承，则称为单继承；如果子类从一个以上父类继承，则称为多继承。Python 支持多重继承。

Python 子类继承父类的语法格式如下：

```
class Subclass (SuperClass1, SuperClass2,…)
          # 类定义部分
          pass
```

其中，Subclass 为子类名称，SuperClass1,SuperClass2,…为父类名称。圆括号中父类的顺序影响着子类对父类方法的继承。如果父类中有方法名和形参结构相同的方法，而在子类使用时并未指定调用哪个父类的方法，那么 Python 将从左至右搜索，即方法在子类中未找到时，从左到右查找父类中是否包含方法。

举例说明如下。

【实例 6.8】

```
# 程序名称:PBT6201.py
# 功能:演示类的继承关系
#  -*- coding: UTF-8 -*-

class Researcher:
     def research(self,projecter):
          print("researching......",projecter)

     def do(self):
          print("do thing about research each day!")

class Person:
     def __init__(self,height,weight):
          self.height= height;
          self.weight= weight;

     def setvalue(self,height,weight):
          self.height= height;
          self.weight= weight;

     def speak(self):
          print("speaking......")

     def do(self):
          print("do something each day!")

     class Teacher(Person,Researcher):
          def teach(self,course):
          print("teaching......",course)

def main():
     teacher= Teacher(170,66)
     teacher.speak()
     teacher.research("Python")
     teacher.teach("DataStructure")
     print("teacher.height= ",teacher.height)
     print("teacher.weight= ",teacher.weight)
```

```
        teacher.setvalue(180,90)
        print("teacher.height= ",teacher.height)
        print("teacher.weight= ",teacher.weight)
        teacher.do()   # L1
        Researcher.do(teacher)  # L2

main()
```

运行后输出结果为：

```
speaking......
researching...... Python
teaching...... DataStructure
teacher.height= 170
teacher.weight= 66
teacher.height= 180
teacher.weight= 90
do something each day!
do thing about research each day!
```

说明：

(1) 本实例中，类 Teacher 继承了类 Person 和类 Researcher，相应地继承了其中的成员方法和成员变量。因此，以类 Teacher 为基础创建对象 teacher，访问方法 teacher.speak()，teacher.research("Python")和成员变量 teacher.height、teacher.weight 是允许的，尽管在类 Teacher 中没有显式地定义它们。

(2) 类 Teacher 除继承父类的成员方法和成员变量外，还增加了属于自己的 teach()方法。

(3) #L1 处对象 teacher 调用一个没有显式定于属于自己的方法 do()，此时依次从左向右在父类中查找，尽管类 Person 和类 Researcher 均有 do()方法，但由于在继承的父类次序上，类 Person 在类 Researcher 的左边，因此 teacher.do()调用的类 Person 的 do()，输出结果为“do something each day!”。在这种情况下，如果想调用类 Researcher 的 do()，可采用“类名.方法()”方式调用，如#L2 所示。由于“类名.方法()”方式调用时不会自动给被调用方法的第一参数传值 self 参数，因此必须显式地将对象名或类名传入 self 参数。

6.2.2　方法的覆盖

方法的覆盖发生在父类和子类之间，如果子类中定义的某个方法与父类中定义的某个方法的名称相同，那么子类中的这个方法将覆盖父类对应的那个方法。

【实例 6.9】

```
# 程序名称:PBT6202.py
# 功能:演示类的继承关系:覆盖
# -*- coding: UTF-8 -*-
```

```
class Researcher:
    def research(self,projecter):
        print("researching......",projecter)

    def do(self):
        print("do thing about research each day!")

    def publish(self,str1):
        self.author= str1
        print("Researcher 发表内容:",str1)

class Person:
    def __init__(self,height,weight):
        self.height= height;
        self.weight= weight;

    def setvalue(self,height,weight):
        self.height= height;
        self.weight= weight;

    def speak(self):
        print("speaking......")

    def do(self):
        print("do something each day!")

class Teacher(Person,Researcher):
    def teach(self,course):
        print("teaching......",course)

    def do(self):
        print("do teaching each day!")

    def publish(self):
        print("Teacher 发表内容为教学成果!!!")

def main():
    teacher= Teacher(170,66)
    teacher.do()   # L1
    Researcher.do(teacher)   # L2
    Person.do(teacher)   # L3
```

```
        teacher.publish()   # L4
        # teacher.publish("项目或系统")   # L5
        # Researcher.publish(teacher,"项目或系统1")   # L5
        # print("Teacher.author= ",Teacher.author)
        Researcher.publish(Teacher,"项目或系统2")   # L6
        print("Teacher.author= ",Teacher.author)
        # teacher1= Teacher(170,66)
        print("teacher.author= ",teacher.author)

main()
```

运行后输出结果为：

```
do teaching each day!
do thing about research each day!
do something each day!
Teacher发表内容为教学成果!!!
Researcher发表内容:项目或系统
Researcher发表内容:项目或系统
```

说明：

(1) 类Teacher中定义了方法do()，方法名称和形参结构与父类Person和Researcher中方法do()一样，因为覆盖父类方法。类Teacher中定义了方法publish()，方法名称与父类Researcher中方法publish()名称一样，因为覆盖父类方法。

(2) 子类对象如果要调用被覆盖方法，可采用“类名.方法()”方式调用，如#L2、#L3、#L5和#L6。由于，“类名.方法()”方式调用时不会自动将给被调用方法的第一参数传值self参数，因此必须显式地将类名（#L6的Teacher）或对象名（#L6的teacher）传入self参数。

6.2.3 super关键字

Python的子类也会继承得到父类的构造方法，Python的子类也可以定义构造方法来覆盖父类的父类的构造方法，通过super可在子类构造方法中调用父类中被覆盖的方法。如果子类有多个直接父类，那么排在前面的父类的构造方法会被优先使用。

【实例6.10】

```
# 程序名称:PBT6203.py
# 功能:演示构造方法的继承
# -*- coding: UTF-8 -*-

class Researcher:
    def __init__(self,jobtitle= "工程师"):
        self.jobtitle= jobtitle
    def setJobtitle(self,jobtitle):
        self.jobtitle= jobtitle
```

```
    def research(self,projecter):
        print("researching......",projecter)

    def do(self):
        print("do thing about research each day!")

    def publish(self,str1):
        print("Researcher 发表内容:",str1)

class Person:
    def __init__(self,height=0,weight=0):
        self.height=height
        self.weight=weight

    def setvalue(self,height,weight):
        self.height=height
        self.weight=weight

    def speak(self):
        print("speaking......")

    def do(self):
        print("do something each day!")

class Teacher(Person,Researcher):
    def teach(self,course):
        print("teaching......",course)

    def do(self):
        print("do teaching each day!")

    def publish(self):
        print("Teacher 发表内容为教学成果!!!")

def main():
    teacher=Teacher()  # L1
    print("teacher.height=",teacher.height) # L2
    print("teacher.weight=",teacher.weight) # L3
    teacher.setvalue(180,90)
    print("teacher.height=",teacher.height)
    print("teacher.weight=",teacher.weight)
```

```
    # print("teacher.jobtitle= ",teacher.jobtitle)  # L4
    teacher.setJobtitle("高工")  # L5
    print("teacher.jobtitle= ",teacher.jobtitle)  # L6

main()
```

运行后输出结果为：

```
teacher.height= 0
teacher.weight= 0
teacher.height= 180
teacher.weight= 90
teacher.jobtitle= 高工
```

说明：

（1）类 Teacher 中优先继承父类 Person 的构造方法_init_()，不继承父类 Researcher 的构造方法_init_()，因此#L1 处创建对象时，调用父类 Person 构造方法_init_()进行实例化，增加了成员 height 和 weight，所以#L2 和#L3 的访问是允许。

（2）由于不继承父类 Researcher 的构造方法_init_()，因此#L1 处创建对象时，没有调用父类 Researcher 构造方法_init_()进行实例化，因此，在#L4 处之前，teacher 无成员 jobtile，所以#L4 处访问是不允许的。#L5 处语句给 teacher 增加了成员 jobtile，所以#L6 处访问是允许的。

Python 的子类也可以定义构造方法来覆盖父类的构造方法，通过 super 可在子类构造方法中调用父类中被覆盖的方法，排在前面的父类的构造方法会被优先使用。当然，在子类构造方法中调用父类中被覆盖的方法，也可采取“类名．方法()”方式调用，此时需要显式地给第一参数 self 传递值。

【实例 6.11】

```
# 程序名称:PBT6204.py
# 功能:演示调用父类的构造方法的继承
# ! /usr/bin/python
#  -* - coding: UTF - 8 -* -

class Researcher:
    def __init__(self,jobtitle= "工程师"):
        self.jobtitle= jobtitle

    def setJobtitle(self,jobtitle):
        self.jobtitle= jobtitle

    def research(self,projecter):
        print("researching......",projecter)
```

```
    def do(self):
        print("do thing about research each day!")

    def publish(self,str1):
        print("Researcher 发表内容:",str1)

class Person:
    def __init__(self,height= 0,weight= 0):
        self.height= height
        self.weight= weight

    def setvalue(self,height,weight):
        self.height= height
        self.weight= weight

    def speak(self):
        print("speaking...... ")

    def do(self):
        print("do something each day!")

class Teacher(Person,Researcher):
    def __init__(self,teacherno= "2005000"):
        self.teacherno= teacherno
        # 通过 super()函数调用父类的构造方法
        super().__init__()              # L1:调用父类优先的构造方法
        # 使用未绑定方法调用父类的构造方法
        Researcher.__init__(self)  # L2:调用父类非优先的构造方法

    def teach(self,course):
        print("teaching...... ",course)

    def do(self):
        print("do teaching each day!")

    def publish(self):
        print("Teacher 发表内容为教学成果!!!")

def main():
    teacher= Teacher()                                # L3
    print("teacher.height= ",teacher.height)         # L4
```

```
        print("teacher.weight= ",teacher.weight)        # L5
        teacher.setvalue(180,90)                        # L6
        print("teacher.height= ",teacher.height)        # L7
        print("teacher.weight= ",teacher.weight)        # L8
        print("teacher.jobtitle= ",teacher.jobtitle) # L9

main()
```

运行后输出结果为：

```
teacher.height= 0
teacher.weight= 0
teacher.height= 180
teacher.weight= 90
teacher.jobtitle= 工程师
```

说明：类 Teacher 构造方法_init_()覆盖父类的构造方法，通过 super()._init_()调用父类优先的构造方法，采取“类名.方法()”方式调用父类非优先的构造方法（如 Researcher._init_(self)）。

6.2.4　抽象类

抽象类是一个特殊的类，只能被继承，不能实例化，抽象类中可以有抽象方法和普通方法。子类继承了抽象类父类，子类必须实现父类的抽象方法。

1. 定义抽象类

定义抽象类需要导入 abc 模块。

```
import abc
```

或

```
from abc import ABCMeta, abstractmethod
```

如定义一个名为 Peoples 的抽象类格式如下：

```
import abc # 利用 abc 模块实现抽象类
class Peoples(metaclass= abc.ABCMeta):
    pass
```

或者：

```
class Peoples:
    metaclass= abc.ABCMeta
    pass
```

2. 定义抽象方法

抽象方法：只定义方法，不具体实现方法体。在定义抽象方法时需要在前面加入：@abstractmethod。抽象方法不包含任何可实现的代码，因此其函数体通常使用 pass。

例如

```
@ abc.abstractmethod        # 定义抽象方法,无需实现功能
def speak(self):
    '子类必须定义读功能'
    pass
```

3. 子类实现抽象方法

例如，抽象类 Peoples 的子类 Chinese 中实现了抽象方法 speak。

```
class Chinese(Peoples):
    def speak(self):
        print('中国人用中文交流!!! ')
```

举例说明如下。

【实例 6.12】

```
# 程序名称:PBT6205.py
# 功能:抽象方法
#  -*- coding: UTF-8 -*-

import abc                          # 利用 abc 模块实现抽象类
class Peoples(metaclass= abc.ABCMeta):
    @ abc.abstractmethod        # 定义抽象方法,无需实现功能
    def speak(self):
        '子类必须定义读功能'
        pass

    @ abc.abstractmethod        # 定义抽象方法,无需实现功能
    def eat(self):
        '子类必须定义写功能'
        pass

# 子类继承抽象类,但是必须定义 read()和 write()方法
class Chinese(Peoples):
    def speak(self):
        print('中国人用中文交流!!! ')

    def eat(self):
        print('中国人吃饭用筷子!!! ')

class American(Peoples):
    def speak(self):
        print('美国人用英文交流!!! ')

    def eat(self):
```

```
        print('美国人吃饭用刀叉!!! ')

class Japanese(Peoples):
    def speak(self):
        print('日本人用日语交流!!! ')

    def eat(self):
        print('日本人吃饭用刀叉或筷子!!! ')

def main():
    chinese= Chinese()
    american= American()
    japanese= Japanese()
    chinese.speak()
    chinese.eat()
    american.speak()
    american.eat()
    japanese.speak()
    japanese.eat()

main()
```

运行后输出结果为:

```
中国人用中文交流!!!
中国人吃饭用筷子!!!
美国人用英文交流!!!
美国人吃饭用刀叉!!!
日本人用日语交流!!!
日本人吃饭用刀叉或筷子!!!
```

6.3 综 合 应 用

【实例 6.13】

这里定义一个二维向量<a,b>类，其中 a、b 为其属性，主要操作为：

向量相加：<a,b>+<c,d>=<a+c,b+d>

向量相减：<a,b>-<c,d>=<a-c,b-d>

向量内积：<a,b>×<c,d>=a×c+b×d

以下使用 Python 来自定义向量类，并演示如何使用。

```
# # 程序名称:PBT6301.py
# 功能:演示自定义类及其如何使用
```

```
# -* - coding: UTF - 8 -* -

class MyVector:
 def __init__(self,x,y):
       self. x= x
       self. y= y

 def setVector(self,x,y):
       self. x= x
       self. y= y

# 向量相加< a,b> + < c,d> = < a+ c,b+ d>
def addVector(self,v1,v2):
      self. x= v1. x+ v2. x
      self. y= v1. y+ v2. y

# 向量相减< a,b> - < c,d> = < a- c,b- d>
def minusVector(self,v1,v2):
      self. x= v1. x- v2. x
      self. y= v1. y- v2. y

# 向量内积< a,b> •< c,d> = a×c+ b×d
def multVector(v1):
      return self. x* v1. x+ self. y* v1. y

def showVector(self,str1):
      print(str1,"= < ",self. x,",",self. y,"> ")

def main():
 vect1= MyVector(1,2)
 vect2= MyVector(3,4)
 vect3= MyVector(5,6)
 vect1. showVector("vect1")
 vect2. showVector("vect2")
 vect3. addVector(vect1,vect2)
 vect3. showVector("vect3")
 vect3. minusVector(vect1,vect2)
 vect3. showVector("vect3")

main()
```

运行后输出结果为：

```
vect1 = < 1 , 2 >
vect2 = < 3 , 4 >
vect3 = < 4 , 6 >
vect3 = < - 2 , - 2 >
```

6.4 本 章 小 结

本章内容包括类的含义及创建，类中成员变量和方法的分类及使用，对象的含义、创建方法、引用，类的成员变量和方法与对象的成员变量与方法的区别，继承的含义及使用。

6.5 思考和练习题

1. 简述类中成员变量的分类及差异，并编程说明。
2. 简述类中方法的分类及差异，并编程说明。
3. 简述构造方法的含义，并编程说明其应用。
4. 简述析构方法的含义，并编程说明其应用。
5. 简述继承的含义，并编程说明。
6. 编程说明成员的增加与删除。
7. 编程演示 super 关键字的作用。
8. 简述抽象类的含义，并编程说明抽象类的应用。

第 7 章

Python 异常处理机制

对于计算机程序来说，错误和异常情况都是不可避免的。一个良好的程序不仅要能实现特定的功能，具有较好的可读性和可操作性，更应有良好的健壮性，即具有较强的容错能力。Python 提供了丰富的出错与异常处理机制，本章将对这些内容进行介绍。

本章学习目标

- 掌握异常的含义。
- 理解异常处理的机制，掌握抛出异常的方法。
- 理解并掌握自定义异常的使用。

7.1 异常的含义及分类

1. 异常的含义

所谓异常就是程序运行时可能出现一些错误，比如试图引入一个根本不存在的模块，数组元素引用时下标越界，做除法运算是被零除等。例如：

```
>>> importnonemodule
Traceback (most recent call last):
  File "< stdin> ", line 1, in < module>
ModuleNotFoundError: No module named ' nonemodule '
```

以上引入一个根本不存在的模块 nonemodule，因此会出错。

2. 异常的分类

在 Python 中所有的异常都是 BaseException 的实例。图 7.1 显示了异常类型层次结构。

常见的异常见表 7.1。

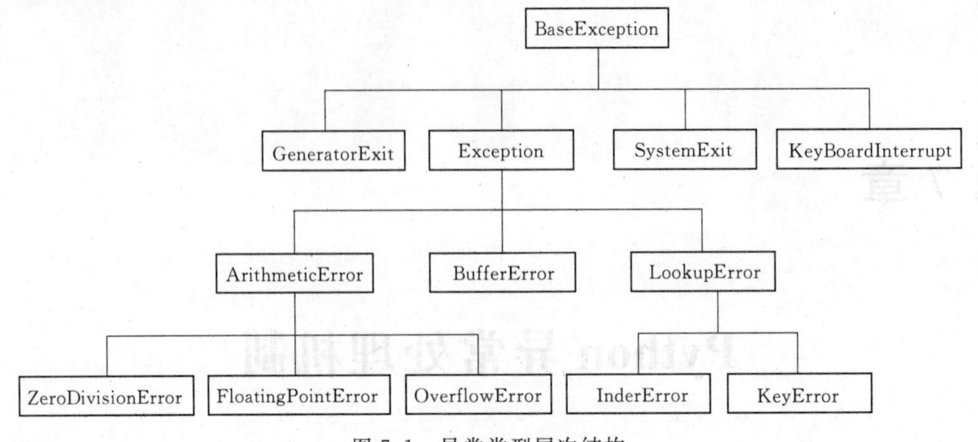

图 7.1　异常类型层次结构

表 7.1　　常见的异常

异常类型	描　述
ArithmeticError	所有数值计算错误的基类
AttributeError	试图访问一个对象没有的属性，比如 foo. x，但是 foo 没有属性 x
IOError	输入/输出异常；基本上是无法打开文件
ImportError	无法引入模块或包；基本上是路径问题或名称错误
IndentationError	语法错误（的子类）；代码没有正确对齐
IndexError	下标索引超出序列边界，比如当 x 只有三个元素，却试图访问 x[5]
KeyError	试图访问字典里不存在的键
KeyBoardInterrupt	Ctrl+C 被按下
NameError	使用一个还未被赋予对象的变量
SyntaxError	Python 代码非法，代码不能编译(个人认为这是语法错误，写错了)
TypeError	传入对象类型与要求的不符合
UnboundLocalError	试图访问一个还未被设置的局部变量，基本上是由于另有一个同名的全局变量，导致你以为正在访问它
ValueError	传入一个调用者不期望的值，即使值的类型是正确的

7.2　异　常　处　理

7.2.1　异常处理的含义及必要性

1. 异常处理的定义

异常处理是指用户程序以预定的方式响应运行错误和异常的能力。异常处理将会改变程序的控制流程，让程序有机会对错误作出处理。它的基本方式是：当一个方法引发一个异常后，将异常抛出，由该方法的直接或者间接调用者处理异常。

2. 异常处理的必要性

在程序开发的过程中，常常采用返回值进行错误处理。通常在编写一个方法时，可以返回一个状态代码，调用者根据状态代码判断出错与否，并按照状态代码代表的错误类型进行相应的处理，或显示一个错误页面，或提示错误信息。这种通过返回值进行错误处理的方法很有效，但是有许多不足之处，主要表现为：①程序复杂；②可靠性差；③返回信息有限；④返回代码标准化困难。

Python 语言提供了一种异常处理机制。采用错误代码和异常处理相结合的方式可以把错误代码与常规代码分开，也可以在 Except 中传播错误信息，还可以对错误类型进行分组。

3. 异常处理的基本思路

为了保证程序的健壮性与容错性，即在遇到错误时程序不会崩溃，需要对异常进行处理。

(1) 如果错误发生的条件是可预知的，我们需要用 if 进行处理，在错误发生之前进行预防。

例如：

```
age= 10
while True:
    age= input('请输入你的年龄：').strip()
    if age.isdigit():      # 只有在 age 为字符串形式的整数时,下列代码才不会出错,该条
                           件是可预知的
        age= int(age)
    else:
        print('你输入的信息不合法,请重新输入')
```

(2) 如果错误发生的条件是不可预知的，则需要用到 try…except：在错误发生之后进行处理。

7.2.2 try…except 异常处理的基本结构

1. 异常处理语句

异常处理语句有 try、except、else、finally 和 raise，下面将逐一介绍这些语句的作用。

2. 异常处理的基本结构

try…except 结构是异常处理的基本结构。这种结构中可能引发异常的语句封入在 try 块中，而处理异常的相应语句封入在 except 块中。基本格式如下：

```
try:
    尝试执行某个操作,
    如果没出现异常,任务就可以完成;
    如果出现异常,将异常从当前代码块扔出去尝试解决异常


except 异常类型 1:
    处理异常类型 1
```

```
except 异常类型 2:
    处理异常类型 2
……
except (异常类型 1,异常类型 2...)
    针对多个异常使用相同的处理方式

except:
    所有异常的解决方案

else:
    如果没有出现任何异常,将会执行此处代码

finally:
    不管有没有异常都要执行的代码
```

try…except 结构处理异常的工作原理如下：

首先，执行 try 子句（try 和 except 关键字之间的语句）。其次，如果在执行 try 子句时发生了异常，则跳过该子句中剩下的部分，并将异常的类型和 except 关键字后面的异常进行匹配比较。如果找到匹配，则执行 except 子句，进行异常处理，处理完后继续执行 try 子句之后的代码，即控制流通过整个 try 语句（除非在处理异常时又引发新的异常）。如果没找到匹配，异常将被递交到上层的 try，或者到程序的最上层（这样将结束程序，并打印缺省的出错信息）。如果在执行 try 子句时没有异常发生，则执行 else 语句内容。最后，不管是否出现异常，都要执行 finally 语句。

提示：

（1）除 except（最少一个）以外，else 和 finally 可选。

（2）一个 try 语句可能有多个 except 子句，以指定不同异常的处理程序。最多会执行一个处理程序。处理程序只处理相应的 try 子句中发生的异常，而不处理同一 try 语句内其他处理程序中的异常。一个 except 子句可以将多个异常命名为带括号的元组，例如：

```
except (RuntimeError, TypeError, NameError):
    pass
```

（3）如果发生的异常和 except 子句中的类是同一个类或者是它的基类，则异常和 except 子句中的类是兼容的（但反过来则不成立——列出派生类的 except 子句与基类兼容）。

（4）try…except 语句有一个可选的 else 子句，在使用时必须放在所有的 except 子句后面。对于在 try 子句不引发异常时必须执行的代码来说很有用。

（5）使用 except 而不带任何异常类型，捕获所有发生的异常。但这不是一个很好的方式，不能通过该程序识别出具体的异常信息。

（6）使用 except 而带多种异常类型，可以使用相同的 except 语句来处理多个异常信息。

（7）使用 as 可以获取异常参数。格式为：

```
except 异常类型 as e:
    print(e)
    pass
```

(8) 不管是否出现异常，都要执行 finally 语句。一般 finally 语句常包含清理操作，如文件关闭 (fp.close()) 等。

举例说明如下。

【实例 7.1】

```
# 程序名称:PBT7201.py
# 功能:异常举例
# ! /usr/bin/python
# -* - coding: UTF - 8 -* -
import sys
class Teacher:
    def __init__(self,name1= "",no1= ""):
        self.teachername= name1
        self.teacherno= no1

    def teach(self,course):
        print("teaching......",course)

try:
    list1 = [1,2,3,4]
    import random
    i= random.randint(0,10)
    print("list1[",i,"]= ",list1[i])   # L1
    a= random.randint(0,20)- 10
    b= random.randint(0,20)- 10
    c = a / b   # L2
    print(a,"/",b,"= ", c )
    teacher= Teacher()
    print("teacher.sex= ",teacher.sex)   # L3

except IndexError as e:
    print("异常= = ",e)
except AttributeError as e:
    print("异常= = ",e)
except ZeroDivisionError as e:
    print("异常= = ",e)
except Exception as e :
    print("异常= = ",e)
except:
```

```
        print("There exists Exception!!!")
    else:
        print("No Exception!!!")
    finally:
        print("Test Exception!!!")

    print("处理其他事情!!!")
```

运行后可能的输出为：

```
某次运行的结果：
list1[ 1 ]= 2
异常= =  division by zero
Test Exception!!!
处理其他事情!!!

某次运行的结果：
异常= =  list index out of range
Test Exception!!!
处理其他事情!!!

某次运行的结果：
list1[ 3 ]= 4
7 / - 9 =  - 0.7777777777777778
异常= =  'Teacher' object has no attribute 'sex'
Test Exception!!!
处理其他事情!!!
```

说明：

(1) i 和 b 的值通过随机数产生，因此一次运行时索引下标 i 可能越界，也可能不越界，b 可能为 0，也可能不为 0。

(2) 类 Teacher 中没有定义（或增加）属性 sex，因此#L3 处访问属性 sex 是不允许的。

(3) 由于 i 和 b 的值通过随机数产生，因此每次发生异常的类型也不确定。这就是为什么每次运行的结果可能不同的原因。

7.2.3　多 try…except 异常处理

一个程序中可能许多地方需要进行异常处理，这时需要在可能出现异常的地方分别使用 try…except 进行异常处理。

举例说明如下。

【实例 7.2】

```
# 程序名称:PBT7202.py
```

```
# 功能:多 try 异常举例
# ! /usr/bin/python
# -*- coding: UTF-8 -*-
import sys
class Teacher:
    def __init__(self,name1= "",no1= ""):
        self.teachername= name1
        self.teacherno= no1

    def teach(self,course):
        print("teaching......",course)

try:
    print("处理可能引起的异常语句 1.......")
    list1 = [1,2,3,4]
    import random
    i= random.randint(0,10)
    print("list1[",i,"]= ",list1[i])   # L1
    a= random.randint(0,20)- 10
    b= random.randint(0,20)- 10
    c = a / b   # L2
    print(a,"/",b,"= ", c )
    teacher= Teacher()
    print("teacher.sex= ",teacher.sex)   # L3

except IndexError as e:
    print("异常= = ",e)
except AttributeError as e:
    print("异常= = ",e)
except ZeroDivisionError as e:
    print("异常= = ",e)
except Exception as e :
    print("异常= = ",e)
except:
    print("There exists Exception!!!")
else:
    print("No Exception!!!")
finally:
    print("Test Exception!!!")

print("执行完部分语句,又遇到一些可能引起异常的语句")
```

```
try:
    print("处理可能引起的异常语句 1......")
    for i in 10:                        # TypeError:int 类型不可迭代
        print("i= ",i)
    num= input("输入数字: ")            # 输入 hello
    int(num)                            # ValueError:传入一个调用者不期望的值
    dic= {'name':'egon'}
    dic['age']                          # KeyError:试图访问字典里不存在的键

except TypeError as e:
    print("异常= = ",e)
except ValueError as e:
    print("异常= = ",e)
except KeyError as e:
    print("异常= = ",e)
except Exception as e :
    print("异常= = ",e)
except:
    print("There exists Exception!!!")
else:
    print("No Exception!!!")
finally:
    print("Test Exception!!!")

print("处理其他语句......")
```

说明：本实例中，一旦遇到可能引起异常的语句时，就利用 try…except 形式进行异常处理。

7.2.4　raise 抛出异常

raise 语句允许程序员强制发生指定的异常。raise 语法格式如下：

```
raise [Exception [(args)]]
```

其中，Exception 是异常类型，如 IndexError、KeyError 等内置异常，也可是自定义异常。args 是一个异常参数值。该参数是可选的，如果不提供，异常的参数是 None。

raise 语句有如下 3 种常用的用法：

- raise：单独一个 raise。该语句引发当前上下文中捕获的异常（比如在 except 块中），或默认引发 RuntimeError 异常。
- raise 异常类：raise 后带一个异常类。该语句引发指定异常类的默认实例。
- raise 异常对象：引发指定的异常对象。

上面三种用法最终都是要引发一个异常实例（即使指定的是异常类，实际上也是引发该类的默认实例)，raise语句每次只能引发一个异常实例。

【实例7.3】

```
# 程序名称:PBT7203.py
# 功能:raise异常举例
# ! /usr/bin/python
#  -* - coding: UTF-8 -* -
import sys
class Teacher:
  def __init__(self,name1= "",no1= ""):
        self.teachername= name1
        self.teacherno= no1

  def teach(self,course):
        print("teaching......",course)

try:
  import random
  i= random.randint(0,6)
  if i= = 1: raise IndexError(" IndexError")
  elif i= = 2: raise AttributeError(" AttributeError")
  elif i= = 3: raise ZeroDivisionError(" ZeroDivisionError")
  elif i= = 4: raise Exception(" Exception")
  else: print("不抛出异常!!!")
except IndexError  as e:
     print("异常为:",e)
except AttributeError as e:
     print("异常为:",e)
except ZeroDivisionError as e:
     print("异常为:",e)
except Exception as e:
     print("异常为:",e)
except:
  print("There exists Exception!!!")
else:
  print("No Exception!!!")
finally:
  print("Test Exception!!!")

print("处理其他事情!!!")
```

运行后输出结果为:

```
异常为: IndexError
```

```
Test Exception!!!
处理其他事情!!!

不抛出异常!!!
No Exception!!!
Test Exception!!!
处理其他事情!!!

异常为： Exception
Test Exception!!!
处理其他事情!!!

异常为： AttributeError
Test Exception!!!
处理其他事情!!!
```

说明：本实例中，i 的值是随机的，根据 i 的值不同分别抛出不同的异常。raise 抛出异常时，如 IndexError，带用参数" IndexError"，这样 except IndexError as e 是 e 有具体的值，print（" 异常为:",e）时，e 的值就不为空。

7.2.5　多次 raise 抛出异常

一个程序中可根据需要进行多次抛出异常。

举例说明如下。

【实例 7.4】

```
# 程序名称:PBT7204.py
# 功能:raise 异常举例
# ! /usr/bin/python
# -*- coding: UTF-8-*-
# 栈:先进后出
import sys
class Teacher:
def __init__(self,name1= "",no1= ""):
     self.teachername= name1
     self.teacherno= no1

def teach(self,course):
     print("teaching......",course)

print("执行系列语句......")
try:
print("可能引起异常语句 1......")
raise IndexError(" IndexError")
```

```
except IndexError  as e:
     print("异常为:",e)
except Exception as e:
     print("异常为:",e)
except:
print("There exists Exception!!!")
else:
print("No Exception!!!")
finally:
print("Test Exception!!!")

print("执行系列语句......")
try:
print("可能引起异常语句 2......")
raise AttributeError(" AttributeError")
except AttributeError as e:
     print("异常为:",e)
except Exception as e:
     print("异常为:",e)
except:
print("There exists Exception!!!")
else:
print("No Exception!!!")
finally:
print("Test Exception!!!")

print("执行系列语句......")
try:
print("可能引起异常语句 2......")
raise ZeroDivisionError(" ZeroDivisionError")
except ZeroDivisionError as e:
     print("异常为:",e)
except Exception as e:
     print("异常为:",e)
except:
print("There exists Exception!!!")
else:
print("No Exception!!!")
finally:
print("Test Exception!!!")

print("执行其他语句......")
```

运行后输出结果为：

```
执行系列语句......
可能引起异常语句 1......
异常为： IndexError
Test Exception!!!
执行系列语句......
可能引起异常语句 2......
异常为： AttributeError
Test Exception!!!
执行系列语句......
可能引起异常语句 2......
异常为： ZeroDivisionError
Test Exception!!!
执行其他语句......
```

说明：本实例中，根据需要分别在三个地方使用 raise 抛出异常。

7.2.6 自定义异常

程序可以通过创建新的异常类来命名它们自己的异常。异常通常应该直接或间接地从 Exception 类派生。

可以定义异常类，它可以执行任何其他类可以执行的任何操作，但通常保持简单，通常只提供许多属性，这些属性允许处理程序为异常提取有关错误的信息。在创建可能引发多个不同错误的模块时，通常的做法是为该模块定义的异常创建基类，并为不同错误条件创建特定异常类的子类：

大多数异常都定义为名称以 Error 结尾，类似于标准异常的命名。

通过继承 Exception 类或它的子类，实现自定义异常类。对于自定义异常，必须采用 throw 语句抛出异常，这种类型的异常不会自行产生。

用户定义的异常同样要用 try…except 捕获处理，但必须由用户通过 raise 抛出异常。

【实例 7.5】

```
# 程序名称:PBT7205.py
# 功能:自定义异常
# ! /usr/bin/python
# -* - coding: UTF -- 8 -* -
class ScoreError(Exception):
    def __init__(self,score):
        self.score= score
    def __str__(self):
        return self.score

def inputScore():
    score= int(input("输入分数[0,100]:"))
```

```
        if score< = 0 or score> 100:
        raise ScoreError("分数错:分数 ying 位于区间[0,100]!!!")
                                              # raise 会抛出一个异常

try:
    inputScore()
except ScoreError as e:
    print("异常= = ",e)
except:
    print("There exists Exception!!!")
else:
    print("No Exception。")
finally:
    print("异常测试结束。")
```

运行后输出结果为：

```
输入分数[0,100]:999
异常= =  分数错:分数 ying 位于区间[0,100]!!!
异常测试结束。

输入分数[0,100]:50
No Exception。
异常测试结束。
```

说明：

(1) 本实例自定义异常 ScoreError，百分制下分数应位于区间[0,100]，当输入分数大于 100 或小于 0 时，通过 raise 抛出 ScoreError 异常，由 except 子句进行异常处理。

(2) 自定义异常和系统内置异常的使用一样，但自定义异常需要 raise 抛出。

7.3 综合应用案例

【实例 7.6】

对一个公司来说，产品出库数应小于产品库存数，因此，如果产品出库数大于产品库存数时需要作异常处理。

以下自定义一个异常类 myException。出库方法（outStock）中可能产生异常，条件是产品出库数大于产品库存数。由于异常 outStock 可能会产生异常，因此 outStock 方法要声明抛出异常，由上一级方法调用。

具体程序如下。

```
# 程序名称:PBT7301.py
# 功能:自定义异常
# ! /usr/bin/python
```

```
# -*-coding:UTF-8-*-
class StockError(Exception):
    # com=""        # 公司对象
    # amount=0.0  # 客户要购买产品数量
    def __init__(self,com,amount):
        self.com=com
        self.amount=amount

def showExceptionMessage(self,com):
    str1="公司库存="+str(com.stocknum)+ "<"+"待购买石油="+str(self.amount)
    return str1

class Company:
    # stocknum=0.0 #  库存石油数
    def __init__(self,stocknum):
        self.stocknum=stocknum
    # 产品入库
    def inStock(self,amount):
        if(amount>0.0):
            self.stocknum=self.stocknum+amount

    # 产品出库
    def outStock(self,amount):
        if (self.stocknum<amount):
            raise StockError(self, amount)
        self.stocknum=self.stocknum-amount
        print("出库成功!!!")

    def showStock(self):
        print("公司库存总量="+self.stocknum)

try:
    com=Company(10)
    com.inStock(100)
    print("第 1 次购买")
    com.outStock(100)
    com.inStock(50)
    print("第 2 次购买")
    com.outStock(80)
except StockError as e:
        print("异常:",e.showExceptionMessage(com))
```

7.4 内 置 异 常

Python 的内置异常见表 7.2。

表 7.2　　Python 的内置异常

序号	异常类型	描述
1	BaseException	所有异常的基类
2	+-- SystemExit	解释器请求退出
3	+-- KeyboardInterrupt	用户中断执行(通常是输入^C)
4	+-- GeneratorExit	生成器(generator)发生异常来通知退出
5	+-- Exception	常规错误的基类
6	+-- StopIteration	迭代器没有更多的值
7	+-- StopAsyncIteration	停止异步迭代异常
8	+-- ArithmeticError	所有数值计算错误的基类
9	| +-- FloatingPointError	浮点计算错误
10	| +-- OverflowError	数值运算超出最大限制
11	| +-- ZeroDivisionError	除（或取模）零（所有数据类型）
12	+-- AssertionError	断言语句失败
13	+-- AttributeError	对象没有这个属性
14	+-- BufferError	缓冲区异常
15	+-- EOFError	没有内建输入，到达 EOF 标记
16	+-- ImportError	导入模块/对象失败
17	| +-- ModuleNotFoundError	模块未发现异常
18	+-- LookupError	无效数据查询的基类
19	| +-- IndexError	序列中没有此索引（index）
20	| +-- KeyError	映射中没有这个键
21	+-- MemoryError	内存溢出错误（对于 Python 解释器不是致命的）
22	+-- NameError	未声明/初始化对象（没有属性）
23	| +-- UnboundLocalError	访问未初始化的本地变量
24	+-- OSError	操作系统异常
25	+-- ReferenceError	弱引用（weak reference）试图访问已经垃圾回收了的对象
26	+-- RuntimeError	一般的运行时错误
27	| +-- NotImplementedError	尚未实现的方法
28	| +-- RecursionError	递归异常
29	+-- SyntaxError	Python 语法错误
30	| +-- IndentationError	缩进错误
31	| +-- TabError	Tab 和空格混用

续表

序号	异 常 类 型	描 述
32	+-- SystemError	一般的解释器系统错误
33	+-- TypeError	对类型无效的操作
34	+-- ValueError	传入无效的参数
35	|　+-- UnicodeError	Unicode 相关的错误
36	|　　+-- UnicodeDecodeError	Unicode 解码时错误
37	|　　+-- UnicodeEncodeError	Unicode 编码时错误
38	|　　+-- UnicodeTranslateError	Unicode 转换时错误
39	+-- Warning	警告的基类
40	+-- DeprecationWarning	关于被弃用的特征的警告
41	+-- PendingDeprecationWarning	关于将来不推荐使用的功能的警告
42	+-- RuntimeWarning	可疑的运行时行为（runtime behavior）的警告
43	+-- SyntaxWarning	可疑的语法的警告
44	+-- UserWarning	用户代码生成的警告
45	+-- FutureWarning	关于构造将来语义会有改变的警告
46	+-- ImportWarning	关于模块进口中可能出现的错误的警告
47	+-- UnicodeWarning	与 Unicode 相关的警告的基类
48	+-- BytesWarning	Bytes 类相关的警告的基类
49	+-- ResourceWarning	与资源使用相关的警告的基类

7.5 本 章 小 结

本章内容主要包括异常的含义及分类、异常处理机制、抛出异常的方式、自定义异常、内置异常，以及相应的实例。

7.6 思考和练习题

1. 简述异常的含义及作用。
2. 简述 Python 异常处理的机制。
3. 简述 else 块的用途，并举例说明。
4. 简述 finally 块的用途，并举例说明。
5. 举例说明如何使用 raise 抛出异常。
6. 编写一个程序，自定义一个异常，并对其进行处理。
7. 列举 10 种常见异常。

Python

第8章

文件和数据库操作

Python 提供有非常丰富的文件 I/O 支持，它既提供了 os.path 来操作各种路径，也提供了全局的 open()函数来打开文件，并采取多种方式来读取文件内容。在 Python中，可以访问不同的数据库（如 SQLite 数据库、Access 数据库、MySQL 数据库等）。

本章学习目标

- 理解文件对象的两种模式：字节模式和文本模式。
- 掌握 os.path 模块的使用。
- 掌握利用 open()函数及相关方法操作文本文件。
- 掌握如何使用相关模块来访问 SQLite 数据库、Access 数据、MySQL 数据库等。

8.1 输入和输出

8.1.1 概述

Python 提供了非常丰富的文件 I/O 支持的函数和方法。

Python 的 os 模块和 shutil 模块下包含了大量进行文件 I/O 的函数和方法，使用这些函数能很方便的读取、写入文件。os.path 模块主要用于文件的属性获取，如 exists()函数判断该目录是否存在，getsize()函数来获取文件大小，等等。

全局函数 open()可打开文件，并采取多种方式来读取文件内容。

Pyhon 还提供了 tempfile 模块来创建临时文件和临时目录，tempfile 模块下的高级 API 会自动管理临时文件的创建和删除；当程序不再使用临时文件和临时目录时，程序会自动删除临时文件和临时目录。

8.1.2 os 模块和 shutil 模块

表 8.1 给出了 os 模块和 shutil 模块的主要方法。

表 8.1　　　　os 模块和 shutil 模块的主要方法

方　法	功 能 描 述
os. sep	取代操作系统特定的路径分隔符
os. name	指示正在使用的工作平台。比如对于 Windows，它是'nt'，而对于 Linux/UNIX 用户，它是'posix'
os. getcwd()	得到当前工作目录，即当前 Python 脚本工作的目录路径
os. linesep	给出当前平台的行终止符。例如，Windows 使用'\r\n'，Linux 使用'\n'，而 Mac 使用'\r'
os. getenv()和 os. putenv()	分别用来读取和设置环境变量
os. listdir()	返回指定目录下的所有文件和目录名
os. remove(file)	删除一个文件
os. stat(file)	获得文件属性
os. chmod(file)	修改文件权限和时间戳
os. mkdir(name)	创建目录
os. rmdir(name)	删除目录
os. chdir("path")	转换目录，换路径
os. removedirs(path)	删除多个目录
os. rename("oldname","newname")	重命名文件（目录)。文件或目录都是使用这条命令
os. system()	运行 shell 命令
os. exit()	终止当前进程
os. linesep	给出当前平台的行终止符。例如，Windows 使用'\r\n'，Linux 使用'\n'，而 Mac 使用'\r'
shutil. copyfile("oldfile","newfile")	复制文件，oldfile 和 newfile 都只能是文件
shutil. copy("oldfile","newfile")	oldfile 只能是文件夹，newfile 可以是文件，也可以是目标目录
shutil. copytree("olddir","newdir")	复制文件夹。olddir 和 newdir 都只能是目录，且 newdir 必须不存在
shutil. move("oldpos","newpos")	移动文件（目录)
shutil. rmtree("dir")	空目录、有内容的目录都可以删除

举例说明如下。

【实例 8.1】

```
# 程序名称:PBT8101.py
# 功能:os.path 应用演示
# ! /usr/bin/python
# -*- coding: UTF-8 -*-
import os
import shutil

def testOsModule():
print("os.sep= ",os.sep)                    # 取得操作系统特定的路径分隔符
```

```
    print("os.name= ",os.name)                         # 指示正在使用的工作平台
    print("os.getcwd()= ",os.getcwd())                 # 得到当前工作目录
    print("os.getenv('pythonpath')= ",os.getenv('pythonpath'))
                                                       # 分别用来读取和设置环境变量
    # print("os.putenv= ",os.putenv())                 # 分别用来读取和设置环境变量
    print("os.linesep= ",os.linesep)                   # 给出当前平台的行终止符
    print("os.listdir()= ",os.listdir())               # 返回指定目录下的所有文件和目录名

def main():
    testOsModule()

main()
```

8.1.3 Python os.path 模块

os.path 模块主要用于文件的属性获取，如 exists()函数判断该目录是否存在，getsize()函数用来获取文件大小，等等。os.path 模块常用方法详见表 8.2。

表 8.2 os.path 模块常用方法

序号	方　法	说　明
1	os.path.abspath(path)	返回 path 规范化的绝对路径
2	os.path.split(path)	将 path 分割成目录和文件名二元组返回
3	os.path.dirname(path)	返回 path 的目录。其实就是 os.path.split(path)的第一个元素
4	os.path.basename(path)	返回 path 最后的文件名。如何 path 以/或\结尾，那么就会返回空值。即 os.path.split(path)的第二个元素
5	os.path.commonprefix(list)	返回 list 中，所有 path 共有的最长的路径
6	os.path.exists(path)	如果 path 存在，返回 True；如果 path 不存在，返回 False
7	os.path.isabs(path)	如果 path 是绝对路径，返回 True
8	os.path.isfile(path)	如果 path 是一个存在的文件，返回 True；否则返回 False
9	os.path.isdir(path)	如果 path 是一个存在的目录，则返回 True；否则返回 False
10	os.path.join(path1[,path2[,...]])	将多个路径组合后返回，第一个绝对路径之前的参数将被忽略
11	os.path.normcase(path)	在 Linux 和 Mac 平台上，该函数会原样返回 path，在 Windows 平台上会将路径中的所有字符转换为小写，并将所有斜杠转换为反斜杠
12	os.path.normpath(path)	规范化路径
13	os.path.splitdrive(path)	返回（drivername，fpath）元组
14	os.path.splitext(path)	分离文件名与扩展名；默认返回（fname，fextension）元组，可做分片操作
15	os.path.getsize(path)	返回 path 的文件的大小（字节）
16	os.path.getatime(path)	返回 path 所指向的文件或者目录的最后存取时间
17	os.path.getmtime(path)	返回 path 所指向的文件或者目录的最后修改时间

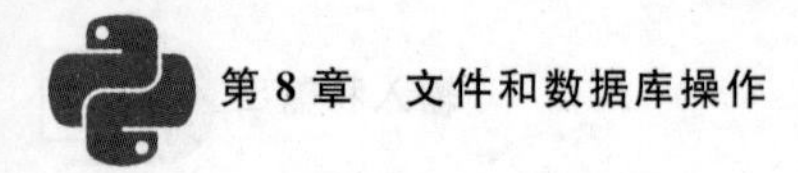

【实例 8.2】

```
# 程序名称:PBT8102.py
# 功能:os.path 应用演示
# ! /usr/bin/python
# -*- coding: UTF-8 -*-
import os
import time

def testOspathModule():
# [1]返回 path 规范化的绝对路径
print(os.path.abspath("PBT8102.py"))

# [2]将 path 分割成目录和文件名二元组返回
print(os.path.split("D:\myLearn\python\ch08\PBT8102.py"))

# [3]返回 path 的目录。其实就是 os.path.split(path)的第一个元素
print(os.path.dirname("D:\myLearn\python\ch08\PBT8102.py"))

# [4]返回 path 最后的文件名。如果 path 以/或\结尾,那么就会返回空值,即 os.path.split
(path)的第二个元素
print(os.path.basename("D:\myLearn\python\ch08\PBT8102.py"))

# [5]返回 list 中,所有 path 共有的最长的路径
# print(os.path.commonprefix(list))

# [6]如果 path 存在,返回 True;如果 path 不存在,返回 False
print(os.path.exists("D:/myLear/Python"))

# [7]如果 path 是绝对路径,返回 True
print(os.path.isabs("D:/myLear/Python"))

# [8]如果 path 是一个存在的文件,返回 True;否则返回 False
print(os.path.isfile("PBT8102.py"))

# [9]如果 path 是一个存在的目录,则返回 True;否则返回 False
print(os.path.isdir("D:/myLear/Python"))

# [12]返回(drivername,fpath)元组
print(os.path.splitdrive("D:/myLear/Python"))
```

```
    # [13]分离文件名与扩展名;默认返回(fname,fextension)元组,可做分片操作
    print(os.path.splitext("PBT8102.py"))

    # [14]返回 path 的文件的大小(字节)
    print(os.path.getsize("PBT8102.py"))

    # [15]返回 path 所指向的文件或者目录的最后存取时间
    print(os.path.getatime("PBT8102.py"))

    # [16]返回 path 所指向的文件或者目录的最后修改时间
    print(os.path.getmtime("PBT8102.py"))

    def main():
    testOspathModule()

main()
```

运行后输出结果为：

```
D:\myLearn\python\ch08\PBT8102.py
('D:\\myLearn\\python\\ch08', 'PBT8102.py')
D:\myLearn\python\ch08
PBT8102.py
False
True
True
False
('D:', '/myLear/Python')
('PBT8102', '.py')
2216
1557556839.3031096
1557557704.8391454
```

8.1.4 文件对象操作

1. open()函数

open()函数用于打开文件对象，其基本语法格式如下：

```
open(file, mode)
```

参数说明：

file：必需，文件路径（相对或者绝对路径）。

mode：可选，文件打开模式。mode 的参数有：r、rb、r+、rb+；w、wb、w+、wb+；a、ab、a+、ab+。具体含义详见表 8.3。

表 8.3　　mode 参数一览表

mode 参数	含义描述
r	只读，指针在文件头
rb	只读，二进制格式打开文件，指针在文件头
r+	读写，指针在文件头
rb+	读写，二进制格式打开文件，指针在文件头
w	写，指针在文件头，当文件不存在时，新建文件，文件存在时，删除原有内容
wb	写，二进制格式打开文件，指针在文件头，文件不存在则新建，存在则删除文件内容
w+	读写，指针在文件头，文件不存在则新建，存在则删除文件内容
wb+	读写，二进制格式打开文件，指针在文件头，文件不存在则新建，存在则删除文件内容
a	追加，指针在文件尾，文件不存在则新建，存在则在文件内容上追加
ab	追加，二进制格式打开文件，指针在文件尾，文件不存在则新建，存在则在文件内容上追加
a+	读写，指针在文件尾，文件不存在则新建，存在则在文件内容上追加
ab+	读写，指针在文件尾，二进制格式打开文件，文件不存在则新建，存在则在文件内容上追加

总结：r 模式与 w 模式，打开文件时，指针都在文件头，而 a 模式则在文件尾；w 模式和 a 模式都能够在文件不存在时新建文件。

提示：open()的详细格式为：

```
open(file, mode= 'r', buffering= None, encoding= None, errors= None, newline= None, closefd= True, opener= None):
```

参数说明：

file：必需，文件路径（相对或者绝对路径）。

mode：可选，文件打开模式。

buffering：设置缓冲。

encoding：一般使用 utf－8。

errors：报错级别。

newline：区分换行符。

closefd：传入的 file 参数类型。

opener：可以通过调用 *opener* 方式，使用自定义的开启器。底层文件描述符是通过调用 *opener* 或者 *file*、*flags* 获得的。*opener* 必须返回一个打开的文件描述。将 os.open 作为 *opener* 的结果，在功能上，类似于通过 None。

2. 文件对象的模式

Python 在处理文本对象时可采取字节模式和字符模式。

表 8.4 给出了文件对象的字节模式下读、写及指针移动等操作的特点。

表 8.4　文件对象的字节模式/b 模式（以 utf-8 编码为例）

文件对象	读 操 作	写 操 作	指针操作
ASCII 字节	返回 bytes/字节类型的 ASCII	写入 bytes 类型字节 例如：b'This is ASCII'	使用 seek 每次设置任意字节
中文字符串	返回 bytes/字节类型的乱码 例如：\xe4\xbd\xa0，三组为一个中文需要解码后显示 例如：'\xe4\xbd\xa0'.decode('utf-8')	把字符串编码后才可写操作 例如：'内容'.encode('utf-8')	使用 seek 每次设置 3 的倍数的字节

表 8.5 给出了文件对象的字本模式下读、写及指针移动等操作的特点。

表 8.5　文件对象的字本模式

文件对象	读 操 作	写 操 作	指 针 操 作
ASCII 字节	返回可查看的字符串	写入字符串	使用 seek 每次设置任意字节
中文字符串	返回可查看的字符串	写入字符串	使用 seek 每次设置 3 的倍数的字节

3. 文件对象的主要方法

文件对象的主要方法详见表 8.6。

表 8.6　文件对象的主要方法

读 方 法	
fp.read(size)	size 是可选项目，读取文件中 size 个字符的内容，若 size 为负或不存在，则读取全部内容。当文件大小是当前机器内存的两倍时，会出错。如果到了文件末尾，会显示空字符串
fp.readline()	读取文件中单独的一行。返回的每行结尾会自动加换行符'\n'，如果到文件末尾就返回空字符串''
fp.readlines()	返回该文件的所有行
写 方 法	
fp.write(string)	将 string 写入文件中，返回值为写入的字符数
其 他 方 法	
fp.tell()	返回指针在文件中的位置，它是从文件开头开始计算的字符数
fp.seek(offset,from_what)	改变指针在文件中的位置，from_what=0 或 1 或 2，0 表示文件开头，1 表示当前位置，2 表示文件结尾 seek(x,0)：从起始位置即文件首行首字符开始移动 x 个字符 seek(x,1)：表示从当前位置往后移动 x 个字符 seek(-x,2)：表示从文件的结尾往前移动 x 个字符
fp.close()	关闭文件释放系统资源

【实例 8.3】

```
# 程序名称:PBT8103.py
# 功能:文件对象操作
# ! /usr/bin/python
# -*- coding: UTF-8 -*-
```

```
import os
fp= open('myfile','wb')            # 以字节的写模式创建文件对象
# fp.write(b'里仁为美')              # 只能是 ASCII 字符
# File "< stdin> ", line 1
# SyntaxError: bytes can only contain ASCII literal characters.
fp.write(b'li ren wei mei')        # 只能是 ASCII 字符
fp.close()

fp= open('myfile')                 # ASCII 字节写入的文件,文件对象可以用文本方式打开
x= fp.read()
print("15.x= ",x)                  # b'li ren wei mei'
fp.close()

fp= open('myfile','rb')            # ASCII 字节写入的文件,文件对象可以用字节方式打开
x= fp.read()
print("20.x= ",x)                  # b'li ren wei mei'
fp.close()

fp= open('myfile','wb')            # 创建以字节写的方式的文件对象
# fp.write(b'里仁为美')              # 写操作时,只能接收字节参数,使用字符串参数会出错
# File "< stdin> ", line 1
# SyntaxError: bytes can only contain ASCII literal characters.
fp.write('里仁为美'.encode('utf-8'))
                                   # 把字符串编码成字节就可以写入
fp.close()

fp= open('myfile','r',encoding= 'utf-8')
                                   # 在交互模式下,可以使用文本模式打开字节写入的中文字
                                   符串
x= fp.read()
print("32.x= ",x)                  # '里仁为美'
fp.close()

fp= open('myfile','rb')
x= fp.read()                       # 每 4 个符号("\xb9")是一个字节,每 3 个字节是一个中文
print("37.x= ",x)                  #
fp.tell()
fp.seek(0)                         # 因为读取文件的时候指针已经去了文件末尾,所以需要移动
                                   它到开头
x= fp.read().decode('utf-8')       # 用字节模式打开文件,查看中文字符需要解码
print("41.x= ",x)                  # 里仁为美
fp.seek(0)
```

```
fp.seek(1,1)
x= fp.read()                    # 往后移动了一个字节,所以 \xe4 没显示
print("46.x= ",x)               #
# 移动一个节字是不行的,3 个字节是一个中文
len1= len('里仁为美')
for i in range(len1):
     fp.seek(3* i)
     x= fp.read()
     print("51.x= ",x)
     print(x.decode('utf-8'))# '是内容'
fp.close
```

运行后输出结果为:

```
15.x=  li ren wei mei
20.x=  b'li ren wei mei'
32.x= 里仁为美
37.x=  b'\xe9\x87\x8c\xe4\xbb\x81\xe4\xb8\xba\xe7\xbe\x8e'
41.x= 里仁为美
46.x=  b'\x87\x8c\xe4\xbb\x81\xe4\xb8\xba\xe7\xbe\x8e'
51.x=  b'\xe9\x87\x8c\xe4\xbb\x81\xe4\xb8\xba\xe7\xbe\x8e'
里仁为美
51.x=  b'\xe4\xbb\x81\xe4\xb8\xba\xe7\xbe\x8e'
仁为美
51.x=  b'\xe4\xb8\xba\xe7\xbe\x8e'
为美
51.x=  b'\xe7\xbe\x8e'
美
```

4. 文件对象可遍历

在 Python 中，文件对象像序列一样可遍历，因此程序完全可以使用 for 循环来遍历文件内容。也可使用 list(fp)方法或 fp.readlines()方法将文件内容存放到列表中。举例如下。

【实例 8.4】

```
# 程序名称:PBT8104py
# 功能:文件是序列的应用演示
# ! /usr/bin/python
# -*- coding: UTF-8 -*-
import os
import sys
import codecs

# 文件所在目录
```

```
print('目前系统的编码为:',sys.getdefaultencoding())

# oldfile:ANSI 文件
# newfile:UTF8 文件
# ANSI 转换成 UTF8 文件
def ANSItoUTF8(oldfile,newfile):
    fr = open(oldfile, 'r',encoding= 'ansi')
    fw= open(newfile, 'w', encoding= 'utf-8')
    fread= fr.read()
    fw.write(fread)
    fr.close()
    fw.close()

# oldfile:UTF8 文件
# newfile:ANSI 文件
# UTF8 转换成 ANSI 文件
def UTF8toANSI(oldfile,newfile):
    fr = open(oldfile, 'r',encoding= 'utf-8')
    fw= open(newfile, 'w', encoding= 'ansi')
    fread= fr.read()
    print("fread= ",fread)
    fw.write(fread)
    fr.close()
    fw.close()

fname= 'myfile.txt'          # ANSI 文件格式
print("文本方式读取文件......")
if (os.path.isfile(fname)):
    fp= open(fname,'r')
    list1= list(fp)
    print('list1= ',list1)
    fp.seek(0)               # 文件指针移动到文件开始
    list2= fp.readlines()
    print('list2= ',list2)
    fp.seek(0)               # 文件指针移动到文件开始
    for line in fp:
        print(line)
else:
    print(fname,"不存在!!!")
fp.close()

ANSItoUTF8("myfile.txt","myfileUTF8.txt")
```

```
fname= 'myfileUTF8.txt'       # UTF-8 文件格式
print("字节方式读取文件......")
if (os.path.isfile(fname)):
    fp= open(fname,'rb')
    list1= list(fp)
    print('list1= ',list1)
    fp.seek(0)                # 文件指针移动到文件开始
    list2= fp.readlines()
    print('list2= ',list2)
    fp.seek(0)                # 文件指针移动到文件开始
    for line in fp:
        print(line.decode('utf-8'))
else:
    print(fname,"不存在!!!")
fp.close()
```

5. with 语句

with 语句适用于对资源进行访问的场合，确保不管使用过程中是否发生异常都会执行必要的“清理”操作，释放资源。比如文件使用后自动关闭、线程锁的自动获取和释放等。

例如：

```
f = open('D:\\aa.txt')
try:
    content = f.read()
finally:
    f.close()
```

这段代码太冗长了，with 有更优雅的语法可以很好地处理上下文环境产生的异常。下面是 with 版本的代码，可以自动帮我们关闭文件。

```
with open("/tmp/foo.txt") as fp:
    data = fp.read()
```

比较下面两段程序代码。

代码 1：

```
with open(r'fileName') as fp:
    for line in fp:
        print(line)
```

代码 2：

```
fp= open(r'fileName')
try:
    for line in fp:
```

```
        print(line)
finally:
      f.close()
```

比较起来，代码 1 优于代码 2，使用 with 语句还可以减少编码量。再如：

```
with open(r'd:/abc.txt') as fp:
     for line in fp:
          print(line)
```

以上三行代码主要实现了以下 4 项工作：

（1）打开 d 盘文件 abc. txt。

（2）将文件对象赋值给 fp。

（3）将文件所有行输出。

（4）无论代码中是否出现异常，Python 都会关闭这个文件。

8.2　数据库操作

8.2.1　概述

在 Python 中，可以访问不同的数据库（如 SQLite 数据库、Access 数据库、MySQL 数据库等）。使用 Python 中，访问数据库的基本流程如下：

（1）调用 connect()方法打开数据库连接，该方法返回数据库连接对象。

（2）通过数据库连接对象打开游标。

（3）使用游标执行 SQL 语句（包括 DDL、DML、select 查询语句等）。如果执行的是查询语句，则处理查询数据。

（4）关闭游标。

（5）关闭数据库连接。

数据库连接对象通常会具有如下方法和属性：

cursor (factory=Cursor)：打开游标。

commit()：提交事务。

rollback()：回滚事务。

close()：关闭数据库连接。

isolation_level：返回或设置数据库连接中事务的隔离级别。

in_transaction：判断当前是否处于事务中。

cursor()返回一个游标对象，该对象主要用于执行各种 SQL 语句，包括 DDL、DML、select 查询语句等。使用游标执行不同的 SQL 语句返回不同的数据。

游标对象通常会具有如下方法和属性：

execute(sql[,parameters])：执行 SQL 语句。parameters 参数用于为 SQL 语句中的参数指定值。

executemany(sql,seq_of_parameters)：重复执行 SQL 语句。可以通过 seq_of_

parameters序列为 SQL 语句中的参数指定值，该序列有多少个元素，SQL 语句被执行多少次。

executescript(sql_script)：这不是 DB API 2.0 的标准方法。该方法可以直接执行包含多条 SQL 语句的 SQL 脚本。

fetchone()：获取查询结果集的下一行。如果没有下一行，则返回 None。

fetchmany (size=cursor.arraysize)：返回查询结果集的下 N 行组成的列表。如果没有更多的数据行，则返回空列表。

fetchall()：返回查询结果集的全部行组成的列表。

close()：关闭游标。

rowcount：该只读属性返回受 SQL 语句影响的行数。对于 executemany()方法，该方法所修改的记录条数也可通过该属性获取。

lastrowid：该只读属性可获取最后修改行的 rowid。

arraysize：用于设置或获取 fetchmany()默认获取的记录条数，该属性默认为 1。有些数据库模块没有该属性。

description：该只读属性可获取最后一次查询返回的所有列的信息。

connection：该只读属性返回创建游标的数据库连接对象。有些数据库模块没有该属性。

8.2.2 基本 SQL 语句

SQL 是由命令、子句和运算符所构成的，这些元素结合起来组成用于创建、更新和操作数据库的语句。

1. SQL 命令

SQL 命令分为两类：数据定义 DDL 命令（表 8.7）和数据操纵 DML 命令（表 8.8）。

表 8.7 数据定义 DDL 命令

命令	说明
CREATE	创建新的表、字段和索引
DROP	删除数据库中的表和索引
ALTER	通过添加字段或改变字段定义来修改表

表 8.8 数据操纵 DML 命令

命令	说明
SELECT	从数据库中查找满足特定条件的记录
INSERT	在数据库中插入新的记录
UPDATE	更改特定的记录和字段
DELETE	从数据库中删除记录

2. SQL 子句

SQL 子句用于定义要选择或操作的数据，详见表 8.9。

表 8.9　　SQL 子句

子　　句	说　　明
FROM	指定要操作的表
WHERE	指定选择记录时满足的条件
GROUP BY	将选择的记录分组
HAVING	指定分组的条件
ORDER BY	按特定的顺序排序记录

3. SQL 运算符

SQL 运算符包括逻辑运算符和比较运算符。其中逻辑运算符包括 AND、OR、NOT，比较运算符包括<、<=、>、>=、=、<>、BETWEEN、LIKE 和 IN。

举例说明如下。

(1) SELECT 语句，用于从表中选取数据，结果被存储在一个结果表中（称为结果集）。

例如：

```
SELECT *  FROM table1
SELECTfld1,fld2 FROM table1
SELECT table1.fld1, table2.fld2 FROM table1, table2
SELECTfld1,fld2 FROM table1 WHERE fld1 LIKE '刘% '
SELECTfld1,fld2 FROM table1 WHERE fld1 BETWEEN '1-1-1999' AND '6-30-1999'
SELECT table1.fld1, table2.fld2 FROM table1, table2 WHERE  table1.fld3= table2.fld3
GROUP BY table1.fld1
SELECT table1.fld1, table2.fld2 FROM table1, table2 WHERE  table1.fld3=  table2.fld3
GROUP BY table1.fld1 HAVING table1.fld1*  table2.fld2> = 100
```

说明：SELECT 语句的 HAVING 用于确定带 GROUP BY 子句的查询中具体显示哪些记录，即用 GROUP BY 子句完成分组后，可以用 HAVING 子句来显示满足指定条件的分组。

(2) SELECT…INTO 语句，用来从查询结果中建立新表。

例如：

```
SELECTfld1,fld2  FROM  table1  INTO  table4  # 以表 table1 所有行中字段 fld1 和
fld2 的内容为基础建立表 table4,表 table4 中每行包含字段 fld1 和 fld2。
```

(3) DELETE 语句，用于删除表中的行。

语法：

```
DELETE  FROM 表名称 WHERE  条件
```

例如：

```
DELETE FROM table1 WHEREfld1 LIKE '刘% '  # 删除表 table1 中字段 fld1 包含'刘'的行(记录)
```

(4) INSERT　INTO 语句，用于向表格中插入新的行。

语法：

```
INSERT  INTO 表名称 VALUES (值 1, 值 2,…)
```

也可以指定所要插入数据的列：

```
INSERT  INTO table_name (列 1, 列 2,…) VALUES (值 1, 值 2,…)
```

例如：

```
INSERT  INTO table1(fld1,fld2,fld3) VALUES('aaaa', '1997-12-1',12)  # 往表 table1
插入一行,该行中字段 fld1,fld2,fld3 的内容分别为'aaaa', '1997-12-1',12
```

（5）UPDATE 语句，用于修改表中的数据。

语法：

```
UPDATE 表名称 SET 列名称 = 新值 WHERE 条件
```

例如：

```
UPDATE table1 setfld1= '2222'  # 将表 table1 中所有行中字段 fld1 的内容修改为'2222'
```

8.2.3 SQLite 数据库

1. SQLite3 模块简介

（1）SQLite3 模块命令，详见表 8.10。

表 8.10 SQLite3 模块命令

序号	命令	描述
1	databases	查看数据库
2	tables	查看表格名
3	databaseName. dump>umpName	将数据库存在文本文件 dumpName 中，恢复就用 databaseName <dumpName
4	attach database 'one' as 'other'	将两个数据库绑定在一起
5	detach database 'name'	分离数据库
6	schema tableName	查看表格详情
7	create table name;	创建表
8	drop table name;	删除表

（2）SQLite3 模块主要方法，详见表 8.11。

表 8.11 SQLite3 模块主要方法

序号	方法	描述
1	sqlite3. connect(database [,timeout, other optional arguments])	打开数据库；如果指数据库存在，则返回一个连接对象；如果不存在则会创建一个数据库
2	connection. cursor()	创建一个 cursor
3	cursor. execute(sql)	执行一个 sql 语句，该语句可以被参数化
4	connection. execute(sql)	该例程是上面执行的由光标(cursor)对象提供的方法的快捷方式，它通过调用光标(cursor)方法创建了一个中间的光标对象，然后通过给定的参数调用光标的 execute 方法

续表

序号	方　法	描　述
5	cursor. executemany(sql, seq_of_parameters)	对 seq_of_parameters 中的所有参数或映射执行一个 SQL 命令 connection. executemany（sql，seq_of_parameters）快捷方式
6	cursor. executescript(sql_script)	该例程一旦接收到脚本，会执行多个 SQL 语句。它首先执行 COMMIT 语句，然后执行作为参数传入的 SQL 脚本。所有的 SQL 语句应该用分号（;）分隔
7	connection. executescript(sql_script)	快捷方式
8	connection. total_changes()	返回自数据库连接打开以来被修改、插入或删除的数据库总行数
9	connection. commit()	提交当前的事务。如果未调用该方法，那么自上一次调用 commit()以来所做的任何动作对其他数据库连接来说是不可见的
10	connection. rollback()	回滚自上一次调用 commit()以来对数据库所做的更改
11	connection. close()	关闭数据库连接。请注意，这不会自动调用 commit()。如果之前未调用 commit()方法，就直接关闭数据库连接，所有更改将全部丢失
12	conncction. fetchmany([size= cursor. arraysize[)	该方法获取查询结果集中的下一行组，返回一个列表。当没有更多的可用的行时，则返回一个空的列表。该方法尝试获取由 size 参数指定的尽可能多的行
13	cursor. fetchall()	该例程获取查询结果集中所有（剩余）的行，返回一个列表。当没有可用的行时，则返回一个空的列表

2. 数据库操作基本步骤

对 SQLite 数据库操作一般遵循以下步骤：

（1）通过 import 导入 sqlite3 模块。例如：

```
import sqlite3
```

（2）使用 connect()方法打开或创建一个数据库。例如：

```
myconn =  sqlite3. connect('databasename. db')
```

如果数据库 databasename. db 存在，那么程序就是打开该数据库；如果该文件不存在，则会在当前目录下创建相应的数据库文件。

（3）通过数据库连接对象打开游标。例如：

```
mycursor= conn. cursor()
```

（4）使用游标执行 SQL 语句（包括 DDL、DML、select 查询语句等），来创建表，以及对数据进行操作。详见后面实例。

（5）关闭游标。例如：

```
mycursor. close()
```

（6）关闭数据库连接。例如：

```
myconn. close
```

3. 创建数据库和表

创建表的 SQL 语句为：

```
create table if not exists table_name(fld1 type1,fld2 type2,…)
```

当表 table_name 不存在时，创建一个该表。括号里面的内容为表的字段列表，字段与字段之间用逗号“,”隔开，字段名与字段类型之间用空格隔开。类型省略时默认为 text 类型。

使用游标的 execute()方法执行上述 SQL 语句就可以创建一个数据库表 table_name。例如：

```
import sqlite3
myconn= sqlite3.connect('mydatabase.db')
mycursor= myconn.cursor()
fieldslist= '(stdno text,name text,math int,English int,language int,average int)'
mycursor.execute('create table if not exists scoretable' + fieldslist)
myconn.commit()
```

创建一个成绩表 scoretable，包含 6 个字段 stdno、name、math、English、language、average，类型分别为 text、text、int、int、int、int。

4. 添加数据

添加数据的 SQL 语句为：

```
insert into table_name (fld1,fld2,…) VALUES (value1,value2,…)
```

例如：

```
fieldslist= '(stdno,name,math,English,language,average)'
valueslist= '("9701","张三",58,79,94,77)'
sqlstr= 'insert into table_name'+ fieldslist+ 'VALUES'+ valueslist
mycursor.execute(sqlstr)
myconn.commit()
```

5. 修改数据

修改数据的 SQL 语句为：

```
update table_name  set fld1= value1,fld2= value2,… where  condition
```

例如：

```
updateslist= 'name= "张三丰",English= 80'
conditon= 'stdno= "9701"'
sqlstr= 'update '+ tablename+ ' set '+ updateslist+ ' where '+ conditon
mycursor.execute(sqlstr)
myconn.commit()
```

6. 删除数据

删除数据的 SQL 语句为：

```
delete from table_name  where  condition
conditon= 'stdno= "9700"'
sqlstr= 'delete from '+ tablename+ ' where '+ condition
mycursor.execute(sqlstr)
myconn.commit()
```

7. 查询数据

(1) 全部查找。

```
mycursor.execute('select *  from '+ tablename)
result= mycursor.fetchall()
print(result)
```

(2) 根据条件查找。

```
condition= 'average> = 80'
sqlstr= 'select *  from '+ tablename+ ' where '+ condition
mycursor.execute(sqlstr)
result= mycursor.fetchall()
print(result)
```

(3) 数据库模糊查询。

```
condition= 'name LIKE "张% "'
sqlstr= 'select *  from '+ tablename+ ' where '+ condition
mycursor.execute(sqlstr)
result= mycursor.fetchall()
print(result)
```

LIKE 为模糊查询语句的关键字，查询规则如下：

_x：找到以 x 结尾，并且 x 前面只有一个字符的数据，有几个_代表有几个数据。

x_：找到以 x 开头，后面只有一个字符的数据。

x%：找到所有以 x 结束的数据。

%x：找到所有以 x 开头的数据。

%x%：找到所有包含 x 的数据。

【实例 8.5】

```
# 程序名称:PBT8201.py
# 功能:SQLite 数据库
# ! /usr/bin/python
#  -* - coding: UTF - 8 -* -
import sqlite3

# 1. 创建表
def createTable(myconn,mycursor,tablename,fieldsTable):
try:
```

```
        sqlstr= 'create table if not exists '+ tablename+ fieldsTable
        mycursor.execute(sqlstr)
        myconn.commit()
        return True
    except:
        return False

# 2. 增加记录
def insertRecord(myconn,mycursor,tablename,fieldslist,valueslist):
    try:
        sqlstr= 'insert into '+  tablename+ fieldslist+ ' Values'+ valueslist
        mycursor.execute(sqlstr)
        myconn.commit()
        return True
    except:
        return False

# 3. 根据条件修改数据库中的数据
def updateRecord(myconn,mycursor,tablename,updateslist,condition):
    try:
        sqlstr= 'update '+  tablename+ ' set '+ updateslist+ ' where '+ condition
        mycursor.execute(sqlstr)
        myconn.commit()
        return True
    except:
        return False

# 4. 根据条件删除数据库中的数据
def deleteRecord(myconn,mycursor,tablename,condition):
    try:
        sqlstr= 'delete from '+ tablename+ ' where  '+ condition
        mycursor.execute(sqlstr)
        myconn.commit()
        return True
    except:
        return False

# 5. 条件查询
def seekRecord(myconn,mycursor,tablename,condition):
    try:
        sqlstr= 'select *  from '+ tablename+ ' where '+ condition
        mycursor.execute(sqlstr)
```

```
        result= mycursor.fetchall()
        return result
    except:
        return []
```

运行后输出结果为：

```
myconn= sqlite3.connect('mydatabase3.db')
mycursor= myconn.cursor()
# 1. 创建表
tablename= 'scoretable'
# fieldsTable= '(stdno text,name text,math int,English int,language int,average
int)'
fieldsTable= (
r'(stdno text,'
r'name text,'
r'math int,'
r'English int,'
r'language int,'
r'average int)'
)
createTable(myconn,mycursor,tablename,fieldsTable)
# 2. 增加记录
fp= open("mydbfile.txt")
fieldslist= '(stdno,name,math,English,language,average)'
for line in fp:
valueslist= '('+ line+ ')'
insertRecord(myconn,mycursor,tablename,fieldslist,valueslist)
fp.close()

# 3. 根据条件修改数据库中的数据
updateslist= 'name= "张三丰",English= 80'
condition= 'stdno= "9701"'
updateRecord(myconn,mycursor,tablename,updateslist,condition)

# 4. 根据条件删除数据库中的数据
condition= 'stdno= "9700"'
deleteRecord(myconn,mycursor,tablename,condition)

# 5. 查询数据库中的数据,以下表为例
# (1)全部查找
mycursor.execute('select *  from '+ tablename)
result= mycursor.fetchall()
```

```
print(result)
# (2)根据条件查找
condition= 'average> = 80'
result= seekRecord(myconn,mycursor,tablename,condition)
print(result)
# (3)数据库模糊查询
condition= 'name LIKE "张% "'
result= seekRecord(myconn,mycursor,tablename,condition)
print(result)
```

8.2.4 Access 数据库

1. 访问 Acces 数据库前的准备工作

(1) 安装 pypyodbc 模块。在 cmd 中命令行安装 pypyodbc 模块。

```
pip install pypyodbc
```

执行成功后，在 C:\Python36\Lib\site - packages 中出现 pypyodbc 目录，此时可以使用 pypyodbc 模块。

(2) 创建数据源。先利用 Access 创建一个数据库，如 mydb. mdb 数据库文件。然后利用“控制面板”中“管理工具”下的“数据源 (ODBC)”来创建数据源。详见后面“建立数据源的操作”一节。

2. 访问 Access 数据库的基本步骤

对 Access 数据库操作一般遵循以下步骤。

(1) 通过 import 导入 pypyodbc 模块。例如：

```
import  pypyodbc
```

(2) 创建一个数据库。例如：

```
dbname= " mydb.mdb "
myconn=  pypyodbc.win_create_mdb(dbname)
myconn.close()
```

如果已存在数据库文件 mydb. mdb，则此步骤可以省略。

(3) 创建与数据库的连接。例如：

```
str1= 'Driver= {Microsoft Access Driver(* .mdb)};PWD'+ password+ ";DBQ= "+ dbname
myconn =  pypyodbc.win_connect_mdb(str1)
```

(4) 通过数据库连接对象打开游标。例如：

```
mycursor= conn.cursor()
```

(5) 使用游标执行 SQL 语句 (包括 DDL、DML、select 查询语句等)，来创建表，以及对数据进行操作。详见后面实例。

(6) 关闭游标。例如：

```
mycursor.close()
```

（7）关闭数据库连接。例如：

```
myconn.close
```

从上可知，Python 对 Access 数据库的访问操作的基本步骤和对 SQLite 数据库的访问基本类似，因此以下仅以实例来展示具体使用，不再对每个步骤作进一步解释。

【实例 8.6】

```
# 程序名称:PBT8202.py
# 功能:Access 数据库
# ! /usr/bin/python
# -* -- coding: UTF - 8 -* -
# import sqlite3

# 1. 创建表
# mycursor.execute('CREATE TABLE t1 (id COUNTER PRIMARY KEY, name CHAR(25));')
.commit()
def createTable(myconn,mycursor,tablename,fieldsTable):
    try:
        sqlstr= 'create table '+ tablename+ fieldsTable
        mycursor.execute(sqlstr)
        myconn.commit()
        return True
    except:
        return False

# 2. 增加记录
def insertRecord(myconn,mycursor,tablename,fieldslist,valueslist):
    try:
        sqlstr= 'insert into '+ tablename+ fieldslist+ ' values'+ valueslist
        # print("sqlstr",sqlstr)
        mycursor.execute(sqlstr)
        myconn.commit()
        return True
    except:
        return False

# 3. 根据条件修改数据库中的数据
def updateRecord(myconn,mycursor,tablename,updateslist,condition):
    try:
        sqlstr= 'update '+ tablename+ ' set '+ updateslist+ ' where '+ condition
        mycursor.execute(sqlstr)
```

```
            myconn.commit()
            return True
        except:
            return False

    # 4. 根据条件删除数据库中的数据
    def deleteRecord(myconn,mycursor,tablename,condition):
        try:
            sqlstr= 'delete from '+ tablename+ ' where  '+ condition
            mycursor.execute(sqlstr)
            myconn.commit()
            return True
        except:
            return False

    # 5. 条件查询
    def seekRecord(myconn,mycursor,tablename,condition):
        try:
            sqlstr= 'select *  from '+  tablename+ ' where '+ condition
            mycursor.execute(sqlstr)
            result= mycursor.fetchall()
            return result
        except:
            return []

    def mdb_conn(dbname, password =  ''):
        """
        功能:创建数据库连接
        :param dbname: 数据库名称
        :param password: 数据库密码,默认为空
        :return: 返回数据库连接
        """
        str1= 'Driver= {Microsoft Access Driver(* .mdb)};PWD' +  password +  ";DBQ= " +
dbname
        conn =  pypyodbc.win_connect_mdb(str1)
        return conn

    def showRowCol(mycursor):
        for col in mycursor.description:        # 显示行描述
            print (col[0], col[1])
        result =  mycursor.fetchall()
        for row in result:                      # 输出各字段的值
```

```
        print (row)
        print (row[1], row[2])
```

运行后输出结果为：

```
import os
import pypyodbc

dbname= 'f:\myLearn\Python\database\mydb1.mdb'
# 创建一个新的 Access 数据库文件,并返回该数据库文件的连接
# myconn= pypyodbc.win_create_mdb(dbname)
# myconn.close()
# 连接数据库
myconn= mdb_conn(dbname)                    # 连接数据库
mycursor = myconn.cursor()                  # 产生 cursor 游标
# 1. 创建表
tablename= 'scoretable'
fieldsTable= (
r'(id COUNTER PRIMARY KEY,'
r'stdno CHAR(6),'
r'name CHAR(25),'
r'math int,'
r'English int,'
r'language int,'
r'average int);'
)
# createTable(myconn,mycursor,tablename,fieldsTable)

# 2. 增加记录
print("增加记录......")
fp= open("mydbfile2.txt")
fieldslist= '(stdno,name,math,English,language,average)'
for line in fp:
    valueslist= '('+ line+ ')'
      insertRecord(myconn,mycursor,tablename,fieldslist,valueslist)
fp.close()

# result= mycursor.execute("select * from scoretable")
# print('70.result= ',result)
# showRowCol(mycursor)

# 3. 根据条件修改数据库中的数据
print("条件修改......")
```

```
updateslist= 'name= "张三丰",English= 80'
condition= 'stdno= "9701"'
updateRecord(myconn,mycursor,tablename,updateslist,condition)

# 4. 根据条件删除数据库中的数据
print("条件删除......")
condition= 'stdno= "9700"'
deleteRecord(myconn,mycursor,tablename,condition)

# 5. 查询数据库中的数据,以下表为例
# (1)全部查找
print("查询全部......")
mycursor.execute('select *  from '+  tablename)
result= mycursor.fetchall()
print(result)
# (2)根据条件查找
print("条件全部......")
condition= 'average> = 80'
result= seekRecord(myconn,mycursor,tablename,condition)
print(result)
# (3)数据库模糊查询
print("模糊查询......")
condition= 'name LIKE "张% "'
result= seekRecord(myconn,mycursor,tablename,condition)
print(result)
```

8.2.5 MySQL 数据库

1. 访问 MySQL 数据库前的准备工作

(1) 安装好 MySQL 软件。在 https://dev.mysql.com/downloads/mysql/网站可下载安装软件（如 mysql-installer-community-8.0.16.0.msi）。然后按提示安装，安装时一般按默认安装即可，记住登录名和密码。

(2) 安装 mysql-connector 模块。在 cmd 命令行来安装 mysql-connector 模块。

```
python -m pip install mysql-connector
```

2. 访问 MySQL 数据库的基本步骤

对 MySQL 数据库操作一般遵循以下步骤。

(1) 通过 import 导入 mysql-connector 模块。例如：

```
import  mysql-connector
```

此时，如果不提示错误，表示导入成功。

(2) 创建一个数据库。例如：

建议使用 MySQL8.0 command line client 来创建一个数据库。

登录进入 mysql。

```
mysql> create database mysqldb
```

这样创建一个名为 mysqldb 的数据库。

如果已存在数据库 mysqldb，则此步骤可以省略。

（3）创建与数据库的连接。例如：

```
conninfo= {'host':'localhost',# 默认 127.0.0.1
         'user':'root',
         'password':'12345678',
         'port':3306 ,          # 默认即为 3306
         'database': 'mysqldb',
         'charset':'utf8'       # 默认即为 utf8
         }
conn= mysql.connector.connect(* * conninfo)
```

（4）通过数据库连接对象打开游标。例如：

```
mycursor= conn.cursor()
```

（5）使用游标执行 SQL 语句（包括 DDL、DML、select 查询语句等），来创建表，以及对数据进行操作。详见后面实例。

（6）关闭游标。例如：

```
mycursor.close()
```

（7）关闭数据库连接。例如：

```
myconn.close
```

从上可知，Python 对 MySQL 数据库的访问操作的基本步骤和对 SQLite、Access 数据库的访问基本类似，因此以下仅以实例来展示具体使用，不再对每个步骤作进一步解释。

【实例 8.7】

```
# 程序名称:PBT8203.py
# 功能:MySQL 数据库
# ! /usr/bin/python
# -* - coding: UTF - 8 -* -
# import sqlite3

# 1.创建数据库
def  createDatabase(dbname):
     conninfo= {'host':'localhost',# 默认 127.0.0.1
          'user':'root',
```

```
        'password':'12345678',
        'port':3306 ,# 默认即为 3306
        'charset':'utf8'# 默认即为 utf8
        }
    try:
        myconn =  mysql.connector.connect(* * conninfo)
        mycursor =  myconn.cursor()
        mycursor.execute("CREATE DATABASE"+ dbname)
        mycursor.close()
        myconn.close()
        return True
    except:
        return False

# 2. 连接数据库
def  connectDatabase(dbname):
    conninfo= {'host':'localhost',# 默认 127.0.0.1
        'user':'root',
        'password':'12345678',
        'port':3306 ,# 默认即为 3306
        'database':dbname,
        'charset':'utf8'# 默认即为 utf8
        }
    try:
        conn= mysql.connector.connect(* * conninfo)
        return conn
    except mysql.connector.Error as e:
        print('connect fails! {}'.format(e))
        return None

# 3. 创建表
# mycursor.execute("CREATE TABLE sites (name VARCHAR(255), url VARCHAR(255))")
def createTable(myconn,mycursor,tablename,fieldsTable):
    try:
        sqlstr= 'create table '+ tablename+ fieldsTable
        mycursor.execute(sqlstr)
        myconn.commit()
        return True
    except:
        return False

# 4. 增加记录
```

```
def insertRecord(myconn,mycursor,tablename,fieldslist,valueslist):
    try:
        sqlstr= 'insert into '+ tablename+ fieldslist+ ' values'+ valueslist
        # print("sqlstr",sqlstr)
        mycursor.execute(sqlstr)
        myconn.commit()
        return True
    except:
        return False

# 5. 根据条件修改数据库中的数据
def updateRecord(myconn,mycursor,tablename,updateslist,condition):
    try:
        sqlstr= 'update '+ tablename+ ' set '+ updateslist+ ' where '+ condition
        mycursor.execute(sqlstr)
        myconn.commit()
        return True
    except:
        return False

# 6. 根据条件删除数据库中的数据
def deleteRecord(myconn,mycursor,tablename,condition):
    try:
        sqlstr= 'delete from '+ tablename+ ' where  '+ condition
        mycursor.execute(sqlstr)
        myconn.commit()
        return True
    except:
        return False

# 7. 条件查询
def seekRecord(myconn,mycursor,tablename,condition):
    try:
        sqlstr= 'select *  from '+ tablename+ ' where '+ condition
        mycursor.execute(sqlstr)
        result= mycursor.fetchall()
        return result
    except:
        return []

def showRowCol(mycursor):
    for col in mycursor.description:        # 显示行描述
```

```
        print (col[0], col[1])
    result = mycursor.fetchall()
    for row in result:                          # 输出各字段的值
        print (row)
        print (row[1], row[2])
```

运行后输出结果为：

```
import mysql.connector

dbname= 'MySQLdb1'
# createDatabase(dbname)                    # 创建数据库
myconn = connectDatabase(dbname)            # 连接数据库
mycursor = myconn.cursor()                  # 创建游标

# 创建表
print("创建表......")

tablename= 'scoretable'
# tablename= 'table2'
fieldsTable= (
r'(id int primary key auto_increment,'
r'stdno char(6),'
r'name char(20),'
r'math int,'
r'english int,'
r'language int,'
r'average int);'
)
createTable(myconn,mycursor,tablename,fieldsTable)

# 增加记录
print("增加记录......")
fp= open("mydbfile2.txt")
fieldslist= '(stdno,name,math,english,language,average)'
for line in fp:
    valueslist= '('+ line+ ')'
    insertRecord(myconn,mycursor,tablename,fieldslist,valueslist)
fp.close()

# result= mycursor.execute("select *  from scoretable")
# print('70.result= ',result)
# showRowCol(mycursor)
```

```
# 根据条件修改数据库中的数据
print("条件修改......")
updateslist= 'name= "张三丰",english= 80'
condition= 'stdno= "9701"'
updateRecord(myconn,mycursor,tablename,updateslist,condition)

# 根据条件删除数据库中的数据
print("条件删除......")
condition= 'stdno= "9700"'
deleteRecord(myconn,mycursor,tablename,condition)

# 查询数据库中的数据,以下表为例
# (1)全部查找
print("查询全部......")
mycursor.execute('select *  from '+ tablename)
result= mycursor.fetchall()
print(result)
# (2)根据条件查找
print("条件全部......")
condition= 'average> = 80'
result= seekRecord(myconn,mycursor,tablename,condition)
print(result)
# (3)数据库模糊查询
'''
模糊查询语句的关键字:like
查询规则:
_x:找到以 x 结尾,并且 x 前面只有一个字符的数据,有几个_代表有几个数据
x_:找到以 x 开头,后面只有一个字符的数据
x% :找到所有以 x 结束的数据
% x:找到所有以 x 开头的数据
% x% :找到所有包含 x 的数据
'''
print("模糊查询......")
condition= 'name LIKE "张% "'
result= seekRecord(myconn,mycursor,tablename,condition)
print(result)
```

8.3　建立数据源的操作

数据源（DSN，Data Source Name）是一个名称字符串，标示了应用程序的操作对象可以是数据库的标识符，也可以是电子表格、Word 文档的标识符。该标识符描述了提供数据对象的基本属性，包括数据库路径、文件名称、用户标识 ID、本地数据库、网络数

据库等信息。

DSN 分用户、系统和文件三种类型。用户 DSN 和系统 DSN 将信息存储在 Windows 注册表中，用户 DSN 只对用户可见，而且只能用于当前机器中；系统 DSN 允许所有用户登录到特定服务器上去访问数据库，具有权限的用户都可以访问系统 DSN；文件 DSN 将信息存储在后缀名为 .dsn 的文本中。如果将此信息放在网络的共享目录中，就可以被网络中的任何一台工作站访问到。在 Web 应用程序中访问数据库时，通常都是建立系统 DSN。以下说明如何在 Windows10 中创建一个与 Access 2010 连接的系统 DSN。

(1) 单击“开始”中的“设置”，找到“控制面板”，弹出“控制面板”窗口，如图 8.1 所示。

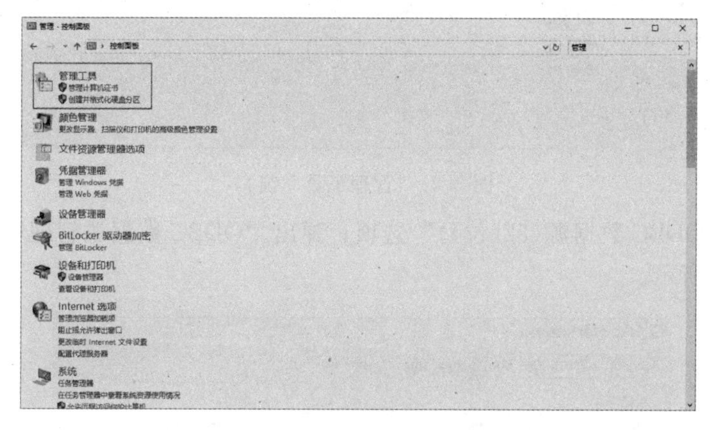

图 8.1 “控制面板”窗口

注意：①操作系统版本不一样，可以看到的窗口内容存在差异，这里的主要目的是找到“控制面板”。②找到“控制面板”的一个简便方式就是通过 Windows 10 提供的搜索功能，输入关键字“控制面板”来搜索。类似地，也可按照此方式查找“管理工具”。如图 8.2 所示。

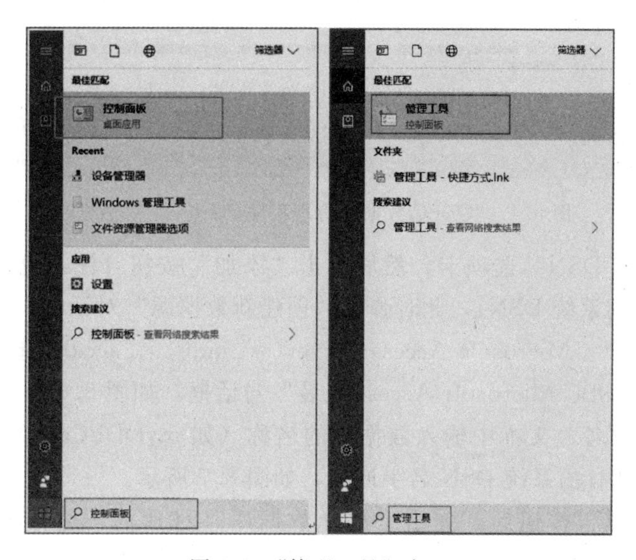

图 8.2 “管理工具”窗口

（2）双击“控制面板”窗口中的“管理工具”图标，弹出“管理工具”窗口，如图 8.3 所示。

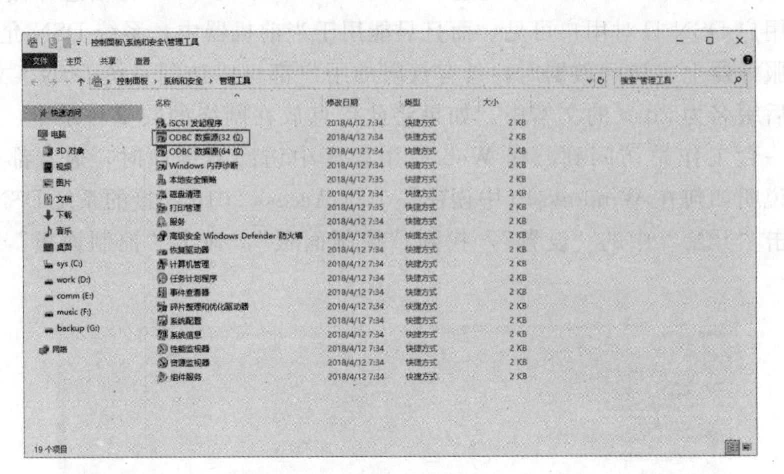

图 8.3　“管理工具”窗口

（3）单击“ODBC 数据源(32(位))”选项，弹出“ODBC 数据源管理程序(32 位)”对话框，如图 8.4 所示。

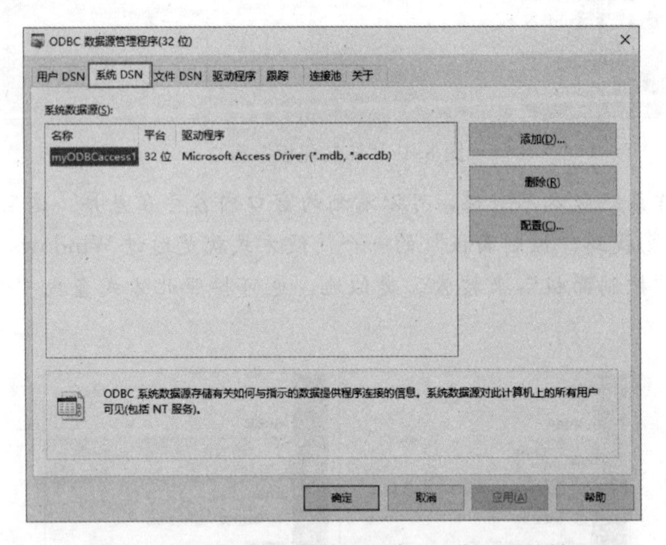

图 8.4　“ODBC 数据源管理程序(32 位)”对话框

（4）单击“系统 DSN”选项卡，然后单击“添加”按钮（注：也可以修改某个系统 DSN 来产生一个新的系统 DSN），此时弹出“创建新数据源”对话框，如图 8.5 所示。

（5）选择 Driver={Microsoft Access Driver(*.mdb，*.accdb)选项，然后单击“完成”按钮，弹出“ODBC Microsoft Access 安装”对话框，如图 8.6 所示。

（6）在“数据源名”文本中输入数据源的名称（如 myODBCaccess），该名称由用户自己确定，不要和现有的系统 DSN 名字冲突，如图 8.7 所示。

（7）单击“选择”按钮后，弹出“选择数据库”对话框，选择关联的数据库（如 wydb.mdb），如图 8.8 所示。

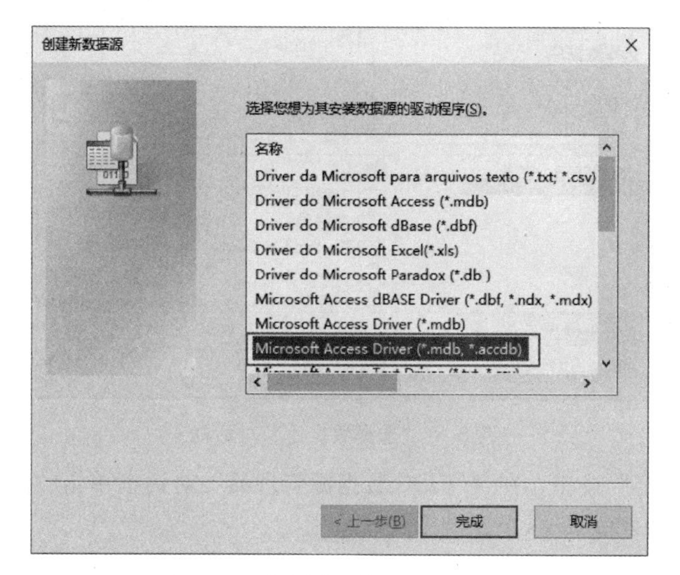

图 8.5 “创建新数据源”对话框

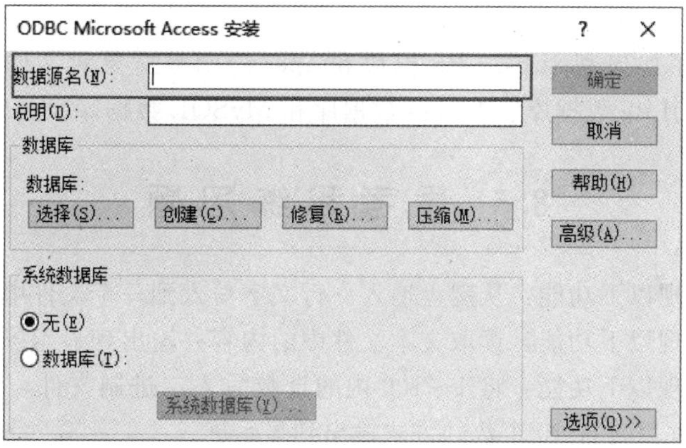

图 8.6 “ODBC Microsoft Access 安装”对话框

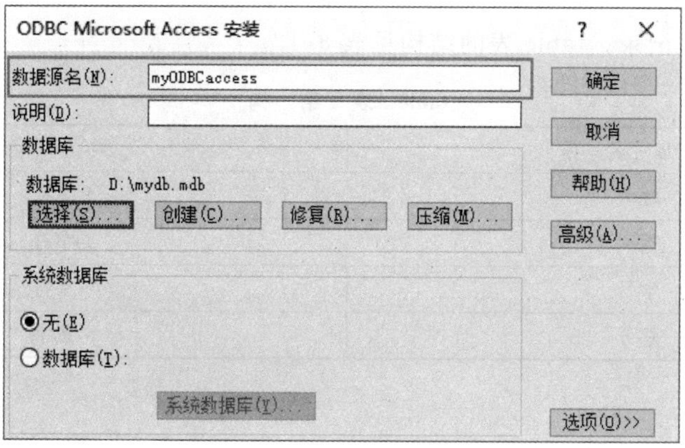

图 8.7 输入数据源名

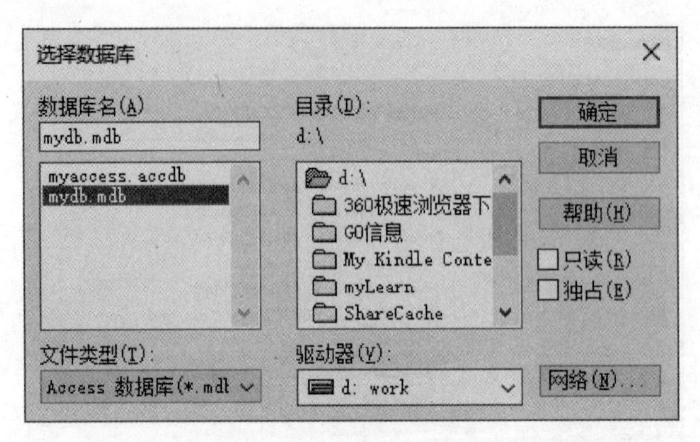

图 8.8 “选择数据库”对话框

(8) 单击“确定”按钮，在“ODBC 数据源管理器”对话框单击“应用”按钮，便可建立一个名为 myODBCaccess 的系统 DSN。

8.4 本 章 小 结

本章主要介绍了如何利用 os.path 模块和 open()函数对象对文件的操作，以及 Python 中如何访问 SQLite 数据库、Access 数据库和 MySQL 数据库。

8.5 思考和练习题

1. 编写程序实现以下功能：从键盘输入一行文字写入到一个文件中。

2. 编写程序实现以下功能：读取文本文件中的内容并输出到显示屏。

3. 编写程序实现以下功能：将 1～100 内的奇数写入二进制文件，然后从该二进制文件中逐一读取奇数并以每行 10 个数的方式输出到显示屏。

4. 编写一个程序实现以下功能：①往 Access 数据库表 table 中增加一条记录；②修改 table 表中满足一定条件的记录；③删除 table 表中满足一定条件的记录；④在显示屏上显示 table 表中的所有记录。table 表的结构见表 8.12。

表 8.12　　table 表 结 构

字 段 名 称	类　型
姓名	字符
性别	字符
学号	字符
总分	数字

参　考　文　献

[1] （美）约翰·策勒（John Zelle）. Python 程序设计［M］. 3 版. 王海鹏，译. 北京：人民邮电出版社，2018.

[2] （美）戴维 I·施耐德（David I. Schneider）. Python 程序设计［M］. 车万翔，译. 北京：机械工业出版社，2016.

[3] 董付国. Python 程序设计基础［M］. 2 版. 北京：清华大学出版社，2015.

[4] 夏敏捷. Python 程序设计——从基础到开发［M］. 北京：清华大学出版社，2017.

参 考 文 献

[1] （美）约翰·策勒（John Zelle）. Python 程序设计[M]. 3版. 王海鹏，译. 北京：人民邮电出版社，2018.
[2] （美）戴维 I. 施耐德（David I. Schneider）. Python 程序设计[M]. 车万翔，译. 北京：机械工业出版社，2016.
[3] 嵩天. Python 语言程序设计基础[M]. 2版. 北京：高等教育出版社，2017.
[4] 夏敏捷. Python 程序设计——从基础到开发[M]. 北京：清华大学出版社，2017.